GEOMETRIA EUCLIDIANA

Karen Cristine Uaska dos Santos Couceiro

GEOMETRIA EUCLIDIANA

2ª edição

Rua Clara Vendramin, 58, Mossunguê
CEP 81200-170, Curitiba, PR, Brasil
Fone: (41) 2106-4170
www.intersaberes.com
editora@intersaberes.com

Conselho editorial – Dr. Alexandre Coutinho Pagliarini
Dr.ª Elena Godoy
Dr. Neri dos Santos
M.ª Maria Lúcia Prado Sabatella

Editora-chefe – Lindsay Azambuja

Gerente editorial – Ariadne Nunes Wenger

Assistente editorial – Daniela Viroli Pereira Pinto

Edição de texto – Monique Francis Fagundes Gonçalves

Capa – Charles L. da Silva (design)
TWINS DESIGN STUDIO/Shutterstock (imagens)

Ilustração – Bruna Jenrich

Projeto gráfico – Bruno Palma e Silva

Designer responsável – Sílvio Gabriel Spannenberg

Iconografia – Regina Claudia Cruz Prestes

Dados Internacionais de Catalogação na Publicação (CIP)
(Câmara Brasileira do Livro, SP, Brasil)

Couceiro, Karen Cristine Uaska dos Santos
  Geometria euclidiana / Karen Cristine Uaska dos Santos Couceiro. -- 2. ed. -- Curitiba, PR : Intersaberes, 2023.
  Bibliografia.
  ISBN 978-85-227-0559-7

  1. Geometria 2. Geometria plana 3. Matemática - Estudo e ensino I. Título.

23-149289   CDD-516

Índice para catálogo sistemático:
1. Geometria   516
Eliane de Freitas Leite - Bibliotecária - CRB 8/8415

1ª edição, 2016.
2ª edição, 2023

Foi feito o depósito legal.

Informamos que é de inteira responsabilidade da autora a emissão de conceitos.

Nenhuma parte desta publicação poderá ser reproduzida por qualquer meio ou forma sem a prévia autorização da Editora InterSaberes.

A violação dos direitos autorais é crime estabelecido na Lei n. 9.610/1998 e punido pelo art. 184 do Código Penal.

Sumário

Apresentação 9

Organização didático-pedagógica 11

1 Plano, retas e segmentos 15

   1.1 Histórico 16

   1.2 Ideias e proposições primitivas da geometria plana 25

   1.3 Axiomas de incidência 30

   1.4 Axioma de ordem 32

   1.5 Axiomas de medição de segmentos 41

2 Ângulos, axiomas de medição e congruência 57

   2.1 Ângulos: introdução 58

   2.2 Ângulos: representações 60

   2.3 Axiomas de medição de ângulos 61

   2.4 Congruência 70

3   Teorema do ângulo externo e suas consequências   85

   3.1 Definição de ângulos internos e externos do triângulo   86

   3.2 Teorema da desigualdade triangular   96

   3.3 Congruência de triângulos retângulos   99

4   Paralelismo, triângulos e paralelogramos   109

   4.1 Axioma das paralelas   109

   4.2 Teoremas   117

5   Semelhança de triângulos e teorema de Pitágoras   139

   5.1 Semelhança de triângulos   139

   5.2 Teorema fundamental da proporcionalidade   140

   5.3 Teorema de Pitágoras   146

6   Círculo e polígonos regulares   161

   6.1 Círculo: definições e elementos   162

   6.2 Círculo: medidas e complementos   163

   6.3 Polígonos regulares   182

Considerações finais   195

Referências   199

Bibliografia comentada   203

Respostas   207

Sobre a autora   209

Aos meus familiares e amigos, que me incentivam na busca contínua por novos desafios pessoais e profissionais.

Ao meu filho, Davi, que, mesmo com pouca idade, compreende o trabalho da mãe e, com sua alegria, inteligência e bom humor, me incentiva a trilhar um caminho que o orgulhe futuramente.

Em especial, a Maria Eugênia, mestre, excelente professora da qual tive a honra de ser aluna e agora companheira de profissão e alguém que confiou em meu trabalho, introduzindo-me no ensino de futuros professores e na escrita de obras que estão mudando a minha vida.

Karen Cristine Uaska dos Santos Couceiro

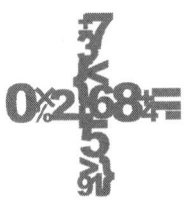

Apresentação

Esta obra é destinada àqueles que porventura desejem aprofundar seus conhecimentos na geometria plana, com foco nos métodos axiomáticos de **Euclides de Alexandria**, matemático considerado o "pai da geometria".

Os conteúdos abordados neste livro possibilitam a você a análise e a compreensão do desenvolvimento de aspectos axiomáticos-dedutivos da geometria plana com base nos estudos elaborados por Euclides no século III a.C., na Grécia, em sua obra mundialmente reconhecida intitulada *Elementos*. Para homenageá-lo, a geometria plana passou a ser chamada também de *geometria euclidiana*.

Esta publicação organiza-se em seis capítulos. No **Capítulo 1**, apresentamos um breve histórico do estudo da geometria, ideias e proposições primitivas da geometria plana e axiomas de incidência, ordem e medição de segmentos.

Nos **Capítulos 2 e 3**, descrevemos os ângulos, suas definições e representações, os axiomas de medição e congruência, o teorema do ângulo externo e suas consequências, como a desigualdade triangular, e a congruência de triângulos retângulos.

No **Capítulo 4**, apresentamos o paralelismo, triângulos e paralelogramos. O estudo dos axiomas das paralelas e os teoremas que os envolvem são a base para o **Capítulo 5**, no qual tratamos da semelhança de triângulos, do teorema fundamental da proporcionalidade e do célebre teorema de Pitágoras.

No **Capítulo 6**, mostramos definições, elementos, medidas e complementos do círculo e definições e características dos polígonos regulares.

Como demonstraremos no decorrer da leitura, o estudo axiomático-dedutivo da geometria euclidiana plana também pode ser abordado pelo professor em sala de aula. No entanto, muitos alunos recebem as propriedades prontas e apenas as aplicam em exercícios, sem compreender a lógica dedutiva que as antecede, ou seja, as demonstrações de tais propriedades ou definições. Nesse sentido, apresentamos o *software* matemático GeoGebra como uma ótima alternativa para explicar essas demonstrações.

Neste livro, há diversas figuras criadas no GeoGebra que, com a devida utilização, favorecem e facilitam o ensino-aprendizagem nos diversos níveis de ensino. Além das imagens, também apresentamos exemplos práticos que relacionam os conteúdos abordados ao cotidiano, além de curiosidades e indicações culturais que buscam enriquecer a leitura.

Com uma linguagem simples aliada à demonstração rigorosa de axiomas e definições para comprovar os teoremas e proposições da geometria plana, esta obra pretende introduzir o formalismo de uma demonstração matemática, desenvolver o raciocínio matemático e geométrico pela indução e dedução de conceitos geométricos, aprofundar o conhecimento e aplicações de tópicos básicos da geometria plana, potencializar a capacidade de visualização de objetos planos e articular o conhecimento da geometria plana numa perspectiva interdisciplinar.

Bom estudo!

Organização Didático-Pedagógica

Esta seção tem a finalidade de apresentar os recursos de aprendizagem utilizados no decorrer da obra, de modo a evidenciar os aspectos didático-pedagógicos que nortearam o planejamento do material e como o leitor pode tirar o melhor proveito dos conteúdos para seu aprendizado.

Introdução do capítulo

Logo na abertura do capítulo, você é informado a respeito dos conteúdos que nele serão abordados, bem como dos objetivos que a autora pretende alcançar.

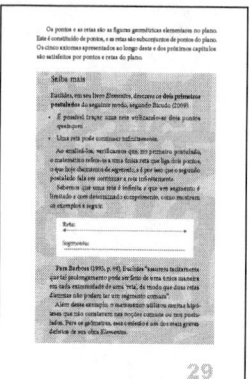

Saiba mais

Você pode consultar as obras indicadas nesta seção para aprofundar sua aprendizagem.

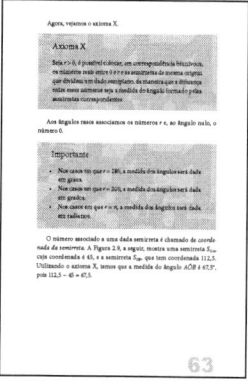

Importante!

Algumas das informações mais importantes da obra aparecem nestes boxes. Aproveite para fazer sua própria reflexão sobre os conteúdos apresentados.

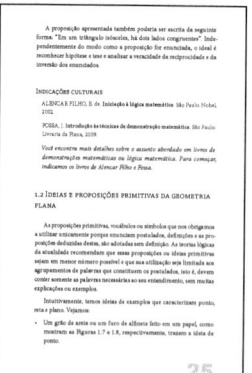

Indicações culturais

Ao final do capítulo, a autora oferece algumas indicações de livros, filmes ou *sites* que podem ajudá-lo a refletir sobre os conteúdos estudados e permitir o aprofundamento em seu processo de aprendizagem.

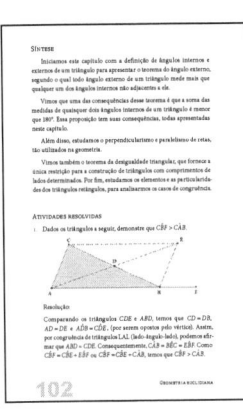

Síntese

Você conta, nesta seção, com um recurso que o instigará a fazer uma reflexão sobre os conteúdos estudados, de modo a contribuir para que as conclusões a que você chegou sejam reafirmadas ou redefinidas.

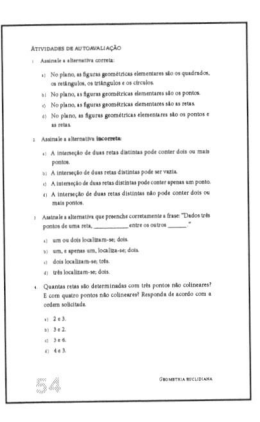

Atividades de autoavaliação

Com estas questões objetivas, você tem a oportunidade de verificar o grau de assimilação dos conceitos examinados, motivando-se a progredir em seus estudos e a se preparar para outras atividades avaliativas.

Atividades de aprendizagem

Aqui você dispõe de questões cujo objetivo é levá-lo a analisar criticamente determinado assunto e aproximar conhecimentos teóricos e práticos.

Bibliografia comentada

Nesta seção, você encontra comentários acerca de algumas obras de referência para o estudo dos temas examinados.

BARBOSA, J. L. M. **Geometria euclidiana plana**. Rio de Janeiro: Sociedade Brasileira de Matemática, 1995. (Coleção do Professor de Matemática)

Esse livro, que pertence à "Coleção do Professor de Matemática", da Sociedade Brasileira de Matemática, é uma excelente sugestão aos leitores que desejam ir adiante no estudo da geometria. Nessa versão em português, João Lucas Marques Barbosa apresenta os elementos fundamentais da geometria plana.

CRUZ, D. G. da; SANTOS, C. H. dos. A igualdade e diferenças entre a geometria euclidiana e as geometrias não euclidianas – hiperbólica e elíptica – a serem abordadas nas séries do ensino médio. In: ENCONTRO PARANAENSE DE EDUCAÇÃO MATEMÁTICA, 10., 2009, Guarapuava. **Anais**... Guarapuava, 2009. p. 444-457. Disponível em: <http://www.uniceniro.br/editora/anais/xepem/CC/09.pdf>. Acesso em: 18 nov. 2016.

Este artigo contribui para que professores e alunos conheçam as diferenças entre as geometrias euclidianas e as geometrias não euclidianas.

Plano, retas e segmentos

Neste capítulo, faremos uma introdução ao estudo da geometria e apresentaremos seu histórico e axiomas iniciais (de incidência, de ordem e de medição de segmentos). O estudo da trajetória histórica da geometria nesta obra tem como finalidade possibilitar a você o contato com o pensamento de Euclides no desenvolvimento geométrico, auxiliando no esclarecimento, sistematização e demonstração de ideias em diversos ramos da geometria.

No estudo da geometria plana, vale considerarmos que as figuras geométricas no plano são os **pontos** e as **retas**. Muitos autores mencionam a impossibilidade de definir *ponto*, *reta* e *plano* por serem elementos primitivos da geometria. Para Costa et al. (2012, p. 8), por exemplo, "o plano é constituído de pontos e as retas são subconjuntos de pontos do plano". Estas e outras definições serão apresentadas no decorrer deste capítulo de modo a facilitar a compreensão dos conceitos iniciais e possibilitar um correto e eficaz estudo dos capítulos posteriores.

1.1 Histórico

Em grego, o termo *geometria* significa "medida da Terra" – basta observarmos que a palavra é a união dos termos *geo*, que significa "terra", e *metria*, cujo significado é "medida".

Segundo relatos históricos, o estudo e o aprofundamento dos conhecimentos em geometria surgiram da necessidade que os egípcios tinham de medir seus terrenos, que inundavam frequentemente com as cheias do rio Nilo, que apagavam os limites entre as propriedades. No entanto, a aplicabilidade da geometria no cotidiano é vista em múltiplas ocasiões, inclusive em civilizações anteriores à egípcia, principalmente no trabalho de artesãos, pedreiros, carpinteiros e artistas.

Nesse sentido, podemos afirmar que, anteriormente a 1000 a.C., havia inúmeros conhecimentos e aplicações geométricas, mas que não foram chamados de *geometria*.

Na natureza, encontramos diversas formas geométricas:

- os formatos **pentagonal**, visto ao ligarmos as pontas de uma estrela-do-mar (Figura 1.1), e **hexagonal**, observável nos favos de mel produzidos pelas abelhas (Figura 1.2);
- a **simetria** das borboletas (Figura 1.3); a **espiral** formada por algumas plantas, como a *Aloe polyphylla* (Figura 1.4), e pelos caracóis (Figura 1.5);
- o **fractal**, visto, por exemplo, no corte de um repolho ao meio (Figura 1.6).

Figura 1.1 – Estrela-do-mar

Figura 1.2 – Favos de mel

Figura 1.3 – Simetria da borboleta

Figura 1.4 – Espiral da Aloe polyphylla

Figura 1.5 – Espiral do caracol

Figura 1.6 – Repolho e seus fractais

Entre as possíveis aplicações da geometria está o estudo dos fractais, que se caracterizam por manter suas características físicas quando repartidos em partes menores. Esse estudo pertence à geometria não euclidiana.

Indicação cultural

CRUZ, C. M. da. **Introdução ao estudo dos fractais**: história, topologia e sistemas dinâmicos complexos. 53 f. Trabalho de conclusão de curso (Licenciatura em Matemática) – Universidade Estadual de Feira de Santana, 2008. Disponível em: <http://www.academia.edu/15302952/ INTRODUC%C3%83O_AO_ESTUDO_DOS_FRACTAIS_HISTORIA_ TOPOLOGIA_E_SISTEMAS_DIN%C3%82MICOS_COMPLEXOS>. Acesso em: 16 nov. 2016.

O estudo dos fractais é um trabalho interessante e importante para a geometria. Saiba mais sobre esse assunto acessando ao trabalho de Claudemir Mota da Cruz.

Em Alexandria, **Ptolomeu I**, também conhecido como **Ptolomeu Sóter**, fundou o Museo, ou Museu de Alexandria, um grande centro de pesquisas conjugado a uma ampla biblioteca. Entre os primeiros pesquisadores associados ao Museo está **Euclides de Alexandria***, escritor de origem provavelmente grega e famoso matemático da escola platônica, considerado, como dito anteriormente, o "pai da geometria", por motivos que serão elencados nesta obra.

Euclides se dedicou ao desenvolvimento dos conhecimentos geométricos para aplicação na matemática e realizou demonstrações rigorosas que seus predecessores não haviam feito. A obra *Elementos*, principal trabalho de Euclides, é considerada o melhor objeto de estudo da geometria e reúne e sistematiza os conhecimentos matemáticos de seu tempo.

Indicação cultural

BICUDO, I. **Os elementos**: Euclides. Tradução de Irineu Bicudo. São Paulo: Unesp, 2009.

O livro Elementos teve sua primeira tradução integral brasileira feita por Irineu Bicudo, em 2008. A leitura desse material é recomendada a professores ou futuros educadores, engenheiros e demais profissionais que tenham interesse em conhecê-la.

---

* Sua origem e data de nascimento são desconhecidas, porém, diversos estudos e pesquisas indicam que possivelmente era grego e que nasceu em Alexandria, entre 360 a.C. e 295 a.C. As principais informações sobre a origem de Euclides são fornecidas pelo filósofo neoplatônico Proclo Lício, que viveu em Bizâncio, cerca de mil anos após a morte de Euclides e que, mesmo sem ser matemático, ensinou geometria.

Por muitos anos, os matemáticos buscaram detalhar os conhecimentos geométricos de que dispunham, considerando a ordem lógica que levou à sua construção. Barbosa (1995, p. 21) cita que a maior parte

> do desenvolvimento da Geometria resultou dos esforços feitos, através de muitos séculos, para construir-se um corpo de doutrina lógica que correlacionasse os dados geométricos obtidos da observação e medida. Pelo tempo de Euclides (cerca de 300 a.C.) a ciência da Geometria tinha alcançado um estágio bem avançado. Do material acumulado Euclides compilou os seus "Elementos", um dos mais notáveis livros já escritos.

Para Levi (2008), o modelo euclidiano apresenta sua genialidade ao demonstrar que, com base em noções elementares como ponto, reta e círculo e apenas cinco axiomas que vinculam esses elementos de maneira quase óbvia, é possível desenvolver, de teorema em teorema, toda a geometria clássica, expondo, desse modo, a totalidade da geometria que a humanidade conhecia.

Em sua obra, é possível observar que Euclides não pretendia ensinar geometria – para as aulas de geometria havia professores –, mas, sim, mostrar aos estudiosos que entendiam desse tema como as verdades geométricas se ordenam no entendimento.

Além da geometria, *Elementos* dispõe da teoria dos números e da álgebra elementar geométrica. São apresentadas 465 proposições, que se encontram distribuídas em 13 capítulos do seguinte modo:

- os Capítulos I a VI abordam a geometria plana elementar;
- os Capítulos VII, VIII e IX apresentam a teoria dos números;
- o Capítulo X refere-se às incomensuráveis;
- os Capítulos XI, XII e XIII trabalham a geometria no espaço.

O formato ou método axiomático introduzido por Euclides consiste em listar os conceitos e postulados e derivar outros conceitos e postulados com base nos primeiros. Sua exposição começa com proposições divididas em **definições, postulados** e **noções comuns**; essas três categorias são simplesmente afirmadas, cabendo ao leitor apenas aceitá-las. Em seguida, seu pensamento é dirigido às premissas denominadas *ideias primitivas*, *postulados*, *axiomas* e *definições*.

As **definições** declaram o significado de algum símbolo ou expressão curta e são utilizadas para simplificar esse conteúdo. Euclides não as utiliza para fazer referência a uma expressão verdadeira ou a algo necessário que pressuponha uma demonstração. Por isso, suas definições compreendem proposições de ideias primitivas ou implicam a admissão de teoremas.

Os **postulados** são afirmações da existência e determinação unívoca de certas figuras, ou seja, das operações geométricas que podem ser efetuadas, como traçar um segmento de reta ou uma circunferência (Bicudo, 2011).

As **noções comuns**, na visão de Euclides, referem-se a postulados gerais da noção geométrica de igualdade. Levi (2008) acredita que o matemático entendia uma noção comum como uma espécie de identidade lógica pela qual a existência de uma figura em determinado lugar pressupõe a existência de uma idêntica em qualquer outro lugar. Esse entendimento é observado nas cinco noções comuns citadas em sua obra:

1. Coisas iguais a uma mesma são iguais entre si.
2. Se a coisas iguais se somam parcelas iguais, os totais são iguais.
3. Se de certas coisas iguais se subtraem coisas iguais, as que restam são iguais.
4. Coisas coincidentes são iguais entre si.
5. O todo é maior que a parte.

Os **axiomas** são proposições aceitas universalmente como válidas, óbvias e que não precisam ser demonstradas.

Em linguagem atual, Cruz e Santos (2009) sistematizam os **cinco axiomas** em que Euclides assenta sua geometria:

1. Dois pontos distintos determinam uma reta.
2. Por qualquer ponto de uma reta, é possível destacar um segmento de comprimento arbitrário.

3. Uma circunferência pode ser obtida dados quaisquer raio e centro.
4. Ângulos retos são iguais.
5. Dados um ponto *P* e uma reta *r*, existe uma única reta que passa por *P* e é paralela a *r*.

Esses cinco axiomas são utilizados até hoje e fundamentam grande parte dos conhecimentos matemáticos.

De acordo com Levi (2008, p. 22), os *Elementos* de Euclides

> constituem a composição científica mais antiga e extensa que nos foi legada em uma integridade quase perfeita e, sorte singular, trata-se da composição de uma ciência que não mudou desde então seus fundamentos, de modo que sua leitura, todos sabem, permanece atual em tudo. Sorte singular, repito, quando pensamos que não faltaram, mesmo em tempos recentes, ataques do empirismo para tirar-lhe a auréola de verdade física, os quais, no entanto, deixaram inalterada sua importância como verdade prática e como fundamento teórico de toda matemática.

Beppo Levi, importante matemático do Século XX, entende que os ensinamentos de Sócrates podem ter influenciado a escrita de *Elementos*, afinal, essa obra aparece mais como resultado das concepções do círculo de matemáticos e filósofos que circundavam o filósofo, em especial Platão, do que da obra de um alexandrino de 300 a.C. Além disso, Sócrates morreu no ano de 399 a.C., deixando um importante legado para a geometria, e Euclides viveu entre 360 a.C. e 295 a.C.

Além de *Elementos*, outras obras são atribuídas a Euclides, como *Cônicas, Dados, Divisão de figuras, Elementos de música, Fenômenos celestes, Livro de falácias, Óptica* e *Porismos*.

Euclides foi o primeiro a apresentar o sistema geométrico dedutivo, ou seja, afirmações aceitas sem demonstrações. Quanto ao sistema dedutivo, Barbosa (1995, p. 21) afirma que:

> A Geometria, como apresentada por Euclides, foi o primeiro sistema de ideias desenvolvido pelo homem, no qual umas poucas afirmações simples são admitidas sem demonstração e então utilizadas

para provar outras mais complexas. Um tal sistema é chamado dedutivo. A beleza da Geometria, como um sistema dedutivo, inspirou homens, das mais diversas áreas, a organizarem suas ideias da mesma forma. São exemplos disto o "Principia" de Sir Isaac Newton, no qual ele tenta apresentar a Física como um sistema dedutivo, e a "Ética" do filósofo Spinoza.

Para auxiliá-lo na compreensão das demonstrações de uma proposição ou no entendimento do enunciado de um teorema, axioma ou corolário,* é importante relembrarmos, primeiramente, o significado de *hipótese* e *tese*.

A hipótese caracteriza-se pela **afirmação** ainda não comprovada de um enunciado. A **tese**, por sua vez, é o que se deseja **provar**.

Antes de iniciarmos a demonstração, é necessário separar a hipótese da tese. Na proposição "Se um triângulo é isósceles, então ele apresenta dois lados congruentes", temos:

Hipótese: triângulo isósceles
Tese: apresenta dois lados congruentes

Em muitos casos, a hipótese é precedida de "se" ou "quando", e a tese, de "então", facilitando a separação – quando essas proposições estão escritas de maneira diferente, o ideal é reescrevê-las, de modo a facilitar a separação.

---

* De acordo com o Houaiss e Villar (2009), é a "proposição que deriva, em um encadeamento dedutivo, de uma asserção precedente, produzindo um acréscimo de conhecimento por meio da explicitação de aspectos que, no enunciado anterior, se mantinham latentes ou obscuros".

A proposição apresentada também poderia ser escrita da seguinte forma: "Em um triângulo isósceles, há dois lados congruentes". Independentemente do modo como a proposição for enunciada, o ideal é reconhecer hipótese e tese e analisar a veracidade da reciprocidade e da inversão dos enunciados.

INDICAÇÕES CULTURAIS

ALENCAR FILHO, E. de. **Iniciação à lógica matemática.** São Paulo: Nobel, 2002.

FOSSA, J. **Introdução às técnicas de demonstração matemática.** São Paulo: Livraria da Física, 2009.

Você encontra mais detalhes sobre o assunto abordado em livros de demonstrações matemáticas ou lógica matemática. Para começar, indicamos os livros de Alencar Filho e Fossa.

1.2 IDEIAS E PROPOSIÇÕES PRIMITIVAS DA GEOMETRIA PLANA

As proposições primitivas, vocábulos ou símbolos que nos obrigamos a utilizar unicamente porque enunciam postulados, definições e as proposições deduzidas destes, são adotadas sem definição. As teorias lógicas da atualidade recomendam que essas proposições ou ideias primitivas sejam em menor número possível e que sua utilização seja limitada aos agrupamentos de palavras que constituem os postulados, isto é, devem conter somente as palavras necessárias ao seu entendimento, sem muitas explicações ou exemplos.

Intuitivamente, temos ideias de exemplos que caracterizam ponto, reta e plano. Vejamos:

- Um grão de areia ou um furo de alfinete feito em um papel, como mostram as Figuras 1.7 e 1.8, respectivamente, trazem a ideia de ponto.

Figura 1.7 – Grãos de areia

Figura 1.8 – Furo de alfinete feito em papel

- Fios esticados remetem à ideia de retas (Figura 1.9).

Figura 1.9 – Fios esticados

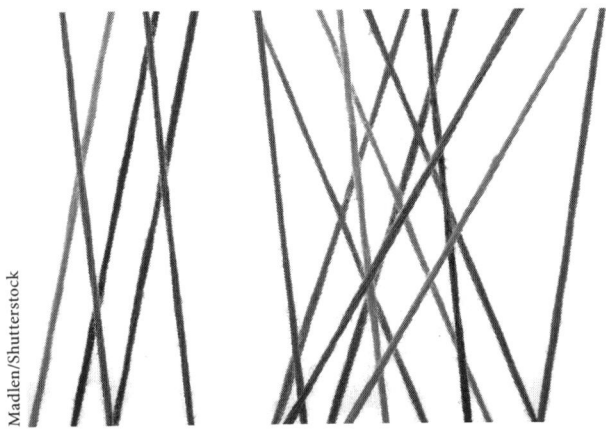

- O quadro-negro utilizado em sala de aula dá a ideia de plano.

Figura 1.10 – Quadro-negro

As **ideias primitivas** de ponto, reta, plano e superfície são essenciais e lhe auxiliarão nos estudos dos demais capítulos desta obra. Vamos conhecê-las melhor?

Ponto é o que não tem partes. Em outras palavras, ele pode ser aquilo cuja parte é nada ou algo que não dispõe de dimensões, ou, ainda, um elemento para o qual é absurdo conceber partes. Representamos os pontos por letras maiúsculas do alfabeto latino (A, B, C, D, E, ...).

Figura 1.11 – Representação de pontos

A **reta** é imaginada ilimitada e sem espessura. É representada por letras minúsculas do alfabeto latino (a, b, c, d, ...).

Figura 1.12 – Representação da reta r

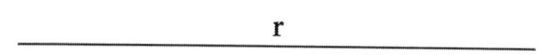

O **plano** é imaginado como um conjunto infinito de pontos e sem limites em todas as direções. Sua representação é feita por letras minúsculas do alfabeto grego (α, β, δ, γ, θ, ρ, ω, ...).

Figura 1.13 – Representação de plano

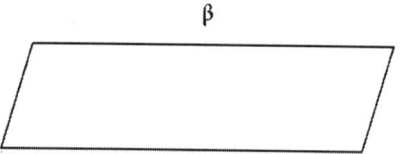

As **superfícies** são geradas por linhas retas ou curvas, em determinadas condições e não regradas. Elas são representadas por letras maiúsculas do alfabeto grego (Σ, Π, Φ, Ω, Δ, ...).

Figura 1.14 – Representação de superfície

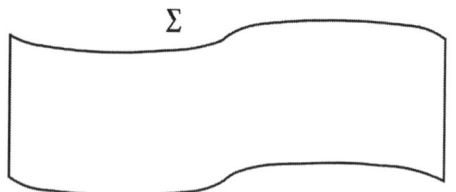

Os pontos e as retas são as figuras geométricas elementares no plano. Este é constituído de pontos, e as retas são subconjuntos de pontos do plano. Os cinco axiomas apresentados ao longo deste e dos próximos capítulos são satisfeitos por pontos e retas do plano.

Saiba mais

Euclides, em seu livro *Elementos*, descreve os **dois primeiros postulados** do seguinte modo, segundo Bicudo (2009):

- É possível traçar uma reta utilizando-se dois pontos quaisquer.
- Uma reta pode continuar infinitamente.

Ao analisá-los, verificamos que, no primeiro postulado, o matemático refere-se a uma única reta que liga dois pontos, o que hoje chamamos de *segmento*, e é por isso que o segundo postulado fala em continuar a reta infinitamente.

Sabemos que uma reta é infinita e que um segmento é limitado e com determinado comprimento, como mostram os exemplos a seguir.

Reta:
⟵—————————⟶

Segmento:
————————————

Para Barbosa (1995, p. 89), Euclides "assumiu tacitamente que tal prolongamento pode ser feito de uma única maneira em cada extremidade de uma 'reta', de modo que duas retas distintas não podem ter um segmento comum".

Além desse exemplo, o matemático utilizou muitas hipóteses que não constavam nas noções comuns ou nos postulados. Para os geômetras, essa omissão é um dos mais graves defeitos de sua obra *Elementos*.

1.3 Axiomas de incidência

Os axiomas de incidência trazem a noção de "estar em" e relacionam pontos e retas.

> **Axioma I**
>
> Qualquer que seja a reta, existem pontos que pertencem e pontos que não pertencem a ela.

No exemplo a seguir, os pontos A e B pertencem à reta s, e os pontos C e D, não.

Figura 1.15 – *Representação do axioma I*

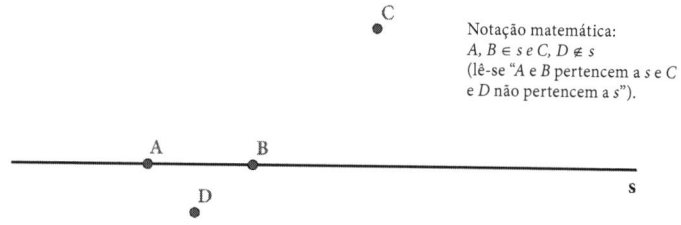

Notação matemática:
$A, B \in s$ e $C, D \notin s$
(lê-se "A e B pertencem a s e C e D não pertencem a s").

> **Axioma II**
>
> Dados dois pontos distintos, existe uma única reta que contém esses pontos.

Como exemplo, podemos afirmar que somente a reta r contém os pontos C e D.

Figura 1.16 – Representação do axioma II

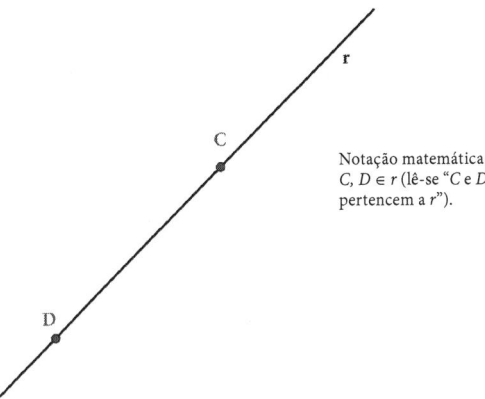

Notação matemática:
C, D ∈ r (lê-se "C e D pertencem a r").

Quando duas retas têm um ponto em comum, diz-se que se **interceptam** ou que se **cortam** naquele ponto.

Observe, na Figura 1.17, que as retas s e r se interceptam no ponto P.

Figura 1.17 – Interseção de retas em um único ponto: o ponto P

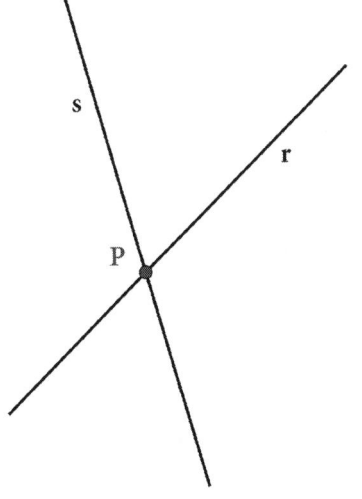

1.3.1 Proposição

No caso de duas retas distintas, há duas possibilidades: ou elas não se interceptam ou se interceptam em um único ponto.

Vamos à demonstração. Consideremos a e b duas retas distintas. A interseção dessas duas retas não pode conter dois ou mais pontos, pois, pelo axioma II, elas coincidiriam. Logo, a interseção das retas a e b contém um único ponto ou é vazia.

As retas a e b, apresentadas na Figura 1.18, por exemplo, não se interceptam.

Figura 1.18 – Retas a e b *que não se interceptam*

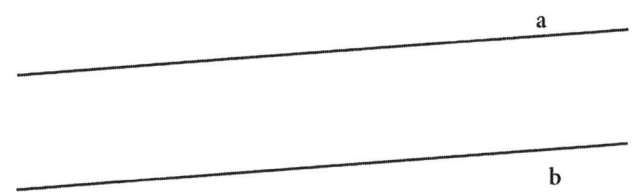

Já as retas c e d se interceptam em um único ponto, o ponto K, como mostra a Figura 1.19.

Figura 1.19 – Retas c e d *que se interceptam no ponto K*

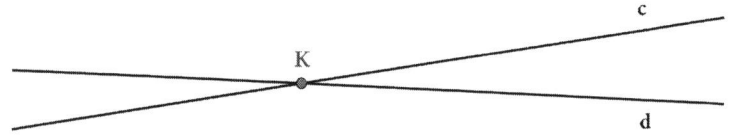

Vejamos, agora, o axioma de ordem.

1.4 Axioma de ordem

Dada uma reta r e três pontos pertencentes a ela, sendo o ponto Z localizado entre os pontos X e Y, temos uma relação entre os pontos de uma mesma reta (Figura 1.20). Essa relação satisfaz ao **axioma de ordem**.

Figura 1.20 – Representação do axioma de ordem

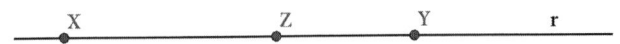

Agora, observe o axioma III a seguir.

Axioma III

Dados três pontos de uma reta, um, e apenas um deles, localiza-se entre os outros dois.

É importante também apresentarmos a definição de *segmento*, que, nesse caso, é o segmento AB (notação: $\overline{AB}$). Assim, *segmento* é o conjunto constituído por dois pontos A e B (denominados *extremos* ou *extremidades do segmento*) e por todos os pontos que se encontram entre A e B. A Figura 1.23 exemplifica essa definição.

Figura 1.21 – Segmento AB ou $\overline{AB}$

Muitas figuras planas são construídas com a utilização de segmentos. O triângulo, por exemplo, é formado por três pontos que não pertencem a uma mesma reta, unidos por três segmentos determinados por esses três pontos, assim como mostra a Figura 1.22. Os segmentos são denominados *lados do triângulo* (a, b e c), e os pontos são os seus *vértices* (A, B e C).

Figura 1.22 – Triângulo ABC

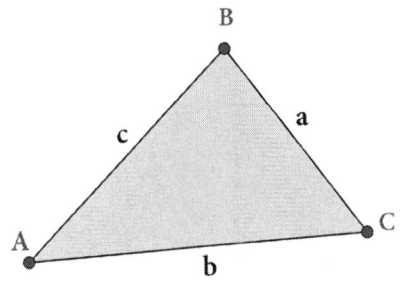

O paralelogramo da Figura 1.23 é composto por quatro segmentos determinados por quatro pontos. Estes últimos são dispostos em duas retas, sendo cada dupla de pontos pertencentes a uma mesma reta.

Figura 1.23 – Paralelogramo ABCD

INDICAÇÃO CULTURAL

OBSERVATÓRIO NACIONAL. **A geometria dos espaços curvos ou geometria não euclidiana**. Disponível em: <http://www.miniweb.com.br/ciencias/artigos/a_geometria_dos_espacos_curvos.pdf>. Acesso em: 16 nov. 2016.

Sempre escutamos que a menor distância entre dois pontos é uma reta. Essa afirmação é verdadeira na geometria euclidiana, objeto de estudo deste livro. No entanto, quando admitimos que o espaço pode ser curvo, como a curvatura da Terra, nem sempre isso é verdade.

Pense, por exemplo, na trajetória de um avião. Se o piloto voasse sempre em linha reta, ele sairia da rota rapidamente. Assim, a menor distância que o avião pode fazer é seguindo a curvatura da Terra, como mostra a Figura 1.24 a seguir.

Figura 1.24 – Distância percorrida por aviões na curvatura da Terra

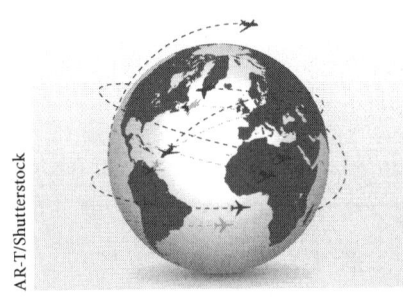

Caso tenha interesse em conhecer melhor as geometrias não euclidianas, leia o estudo A geometria dos espaços curvos ou geometria não euclidiana.

1.4.1 DEFINIÇÃO DE SEMIRRETA

Se A e B são pontos distintos, o conjunto constituído pelos pontos do segmento AB e por todos os pontos C, tal que B encontra-se entre A e C, é chamado de *semirreta de origem* A *contendo o ponto* B e é representado por S_{AB} (Figura 1.25). O ponto A é denominado *origem da semirreta* S_{AB}.

Figura 1.25 – Semirreta S_{AB}

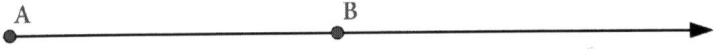

Dois pontos A e B determinam duas semirretas S_{AB} e S_{BA}, as quais contêm o segmento AB.

Figura 1.26 – Semirretas S_{AB} e S_{BA}

1.4.2 Proposição

Sobre a união e a interseção de semirretas, temos que:

a. $S_{AB} \cup S_{BA}$, ou seja, a união das semirretas AB e BA é a reta determinada por A e B;

b. $S_{AB} \cap S_{BA} = AB$, isto é, a interseção das semirretas AB e BA é igual a AB.

Agora, vamos às demonstrações de cada item.

a. Seja r a reta determinada pelos pontos A e B. Como S_{AB} e S_{BA} são segmentos formados por pontos da reta r, então $S_{AB} \cup S_{BA} \subset r$. Considerando um outro ponto C da reta r, pode ocorrer de:

I. C estar entre A e B;

II. A estar entre B e C;

III. B estar entre A e C.

Ocorrendo (I), C pertence ao segmento AB; no caso de (II), C pertence a S_{BA}, e se ocorrer (III), então C pertence a $S_{AB} \cup S_{BA}$.

A Figura 1.27, a seguir, mostra a semirreta pontilhada com origem no ponto A (S_{AB}) e a semirreta tracejada com origem no ponto B (S_{BA}). Pela figura, observamos que a união das duas semirretas (S_{AB} e S_{BA}) resulta na reta r determinada pelos pontos A e B.

Figura 1.27 – Reta determinada por A e B ($S_{AB} \cup S_{BA}$)

b. Consideremos as semirretas S_{AB}, cuja origem é o ponto A, e S_{BA}, com origem no ponto B. A Figura 1.28 representa a interseção dessas duas semirretas, que resulta em todos os pontos contidos entre A e B, ou seja, o segmento AB.

Figura 1.28 – $S_{AB} \cap S_{BA} = AB$ (união de semirretas)

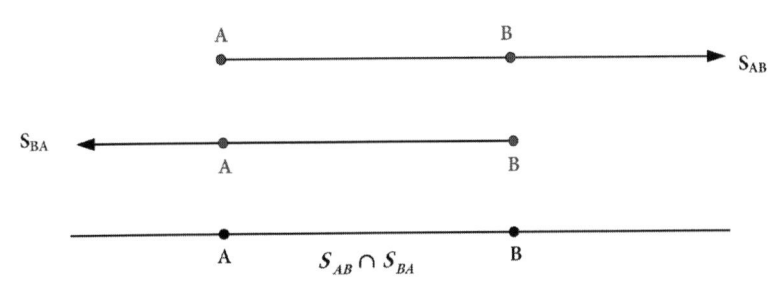

Temos que mostrar que $S_{AB} \cap S_{BA} \subset AB$ e que $AB \subset S_{AB} \cap S_{BA}$. Vamos à primeira demonstração:

a. $S_{AB} \cap S_{BA} \subset AB$

Considere X um ponto pertencente ao segmento AB ($X \in AB$). Logo, pelo axioma III (dados três pontos de uma reta, um deles, e apenas um deles, localiza-se entre os outros dois), temos três possibilidades:

I. X está entre A e B, logo $X \in AB$:

II. A está entre X e B, logo $X \in S_{BA}$:

III. B está entre A e X, logo $X \in S_{AB}$:

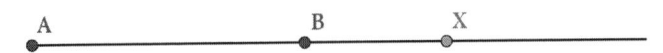

Nas três possibilidades apresentadas, X pertence à união das semirretas AB e BA, ou seja, $X \in S_{AB} \cup S_{BA}$.

Vejamos agora a segunda demonstração.

b. $AB \subset S_{AB} \cap S_{BA}$

Essa inclusão é imediata, visto que, por definição, AB está contido nas duas semirretas. Logo, AB está contido na interseção das duas semirretas.

Outra maneira de demonstrar que $AB \subset S_{AB} \cap S_{BA}$ é supor, por absurdo, que $X \notin AB$. Pelo axioma III, temos que:

I. A está entre X e B:

```
————————X————————A————————B————————
```

Assim, concluímos que $X \in S_{BA}$ e $X \notin S_{AB}$. Há, portanto, uma contradição.

II. B está entre X e A:

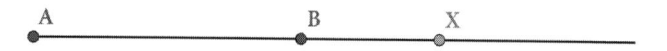

```
————A————————B————X————————
```

Chegamos à conclusão de que $X \in S_{AB}$ e $X \notin S_{BA}$. Outra contradição.

Por definição, todo ponto X que pertencer ao segmento AB deve pertencer a S_{AB} e a S_{BA}. Como essa definição não é verificada nos dois casos apresentados, temos que o ponto X está na interseção das semirretas, ou seja, $X \in S_{AB} \cap S_{BA}$.

Axioma IV

Dados dois pontos A e B, sempre existem um ponto C entre A e B e um ponto D tal que B está entre A e D.

Esse axioma pode ser visualizado na Figura 1.29.

Figura 1.29 – Representação do axioma IV

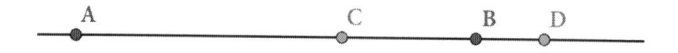

```
————A————————C————B——D————————
```

Do mesmo modo, podemos afirmar que existe um ponto E entre A e C e um ponto F entre C e B, de forma que os pontos A, B, C, D, E e F são distintos, mas ambos pertencem à mesma reta. Procedendo dessa maneira, obtemos uma infinidade de pontos entre A e B.

Assim, entre quaisquer dois pontos de uma reta existe uma infinidade de pontos. Também é fato que uma semirreta AB contém uma infinidade de pontos além daqueles contidos no segmento AB.

Antes de enunciarmos a definição expressa na Seção 1.4.3 vamos considerar uma reta r e dois pontos A e B não pertencentes a essa reta. Dizemos que A e B estão em um mesmo lado da reta r se o segmento AB não a intercepta (Figura 1.30). Caso o segmento intercepte a reta, como é o caso do segmento AC, dizemos que eles estão em lados opostos da reta r.

Figura 1.30 – Reta r e os segmentos AB e AC

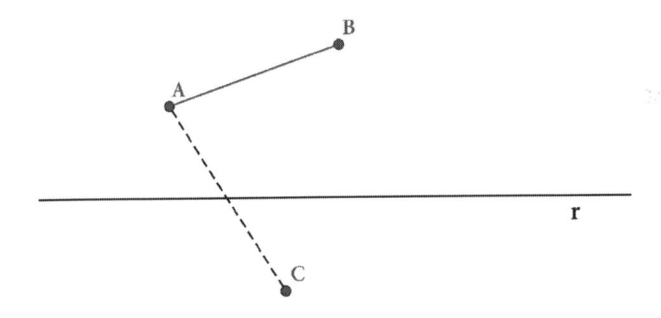

1.4.3 Definição de semiplano

Sejam r uma reta e A um ponto que não pertence a r, então o conjunto constituído pelos pontos de r e por todos os pontos B, tais que A e B estão em um mesmo lado de r, é chamado de *semiplano* determinado por r contendo A. Sua representação é P_{rA}.

Sabendo disso, vejamos, agora, o axioma V.

Axioma V

Uma reta r determina dois semiplanos distintos, e somente dois, cuja interseção é a reta r.

A Figura 1.31 representa os semiplanos de projeção no 1º, 2º, 3º e 4º quadrantes.

Figura 1.31 – Semiplanos

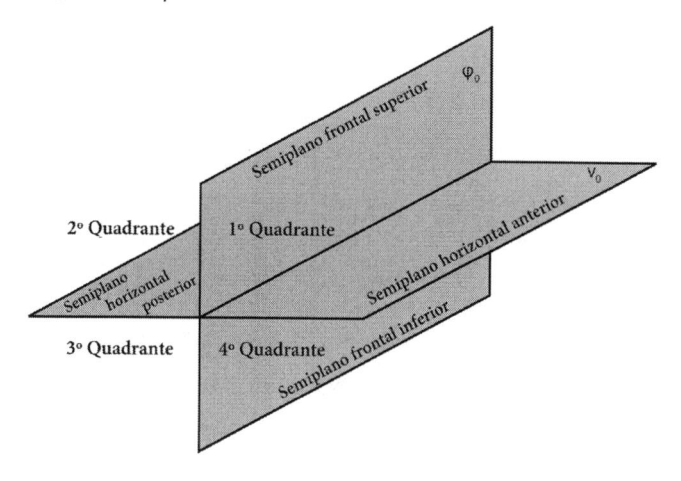

Fonte: Fonte, 2006/2007.

1.4.4 Definição de convexo

Um subconjunto do plano é **convexo** se o segmento formado por dois de seus pontos quaisquer estiver totalmente contido nele.

Os planos e os semiplanos são os exemplos mais simples de conjuntos convexos.

> A interseção de n semiplanos é sempre um convexo, mas a união de convexos nem sempre é um convexo.

Sabendo disso, vamos às demonstrações.

a. A interseção finita de conjuntos convexos é convexa.

Seja $X_1, X_2, X_3, X_4, ..., X_n$ conjuntos convexos e X o conjunto definido pela interseção de todos esses conjuntos convexos, ou seja, $X = X_1 \cap X_2 \cap X_3 \cap X_4 \cap ... \cap X_n$. Consideremos $A \neq B \in X$. Então, $A, B \in X_1; A, B \in X_2; A, B \in X_3; ...; A, B \in X_n$. Como $X_1, X_2, X_3, X_4, ..., X_n$

são conjuntos convexos, temos que $A, B \subset X_1$; $A, B \subset X_2$; $A, B \subset X_3$; ...; $A, B \subset X_n$. Logo, $A, B \subset X$. Assim, a interseção de convexos é convexa.

b. A união de convexos nem sempre é um convexo.

Considere um conjunto formado por duas retas s e t que se interceptam e não são coincidentes. Seja um ponto $A \in s$, um ponto $B \in t$ e $A, B \notin s \cap t$. Assim sendo, $AB \not\subset s \cup t$, pois, para serem um subconjunto, os pontos A e B deveriam determinar uma única reta (s ou t).

1.5 Axiomas de medição de segmentos

A régua, como mostra a Figura 1.32 a seguir, é o instrumento para medição de segmentos mais utilizada quando o objetivo é medir comprimentos pequenos.

Figura 1.32 – Régua

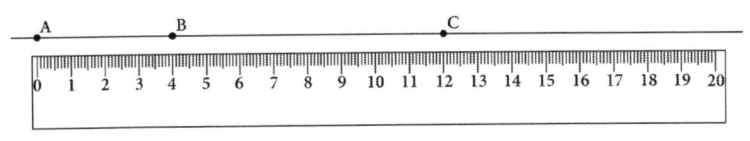

Depois de analisarmos a imagem, podemos afirmar que:

- o ponto A corresponde ao número 0;
- o ponto B corresponde ao número 4;
- o ponto C corresponde ao número 12;
- o segmento AB mede 4 cm;
- o segmento AC mede 12 cm;
- o segmento BC mede 8 cm.

Observe que a medida do segmento BC é dada pela diferença $12 - 4 = 8$. Mesmo se a régua fosse colocada em outras posições, a medida do segmento BC continuaria sendo 8. Este e outros fatos são introduzidos na geometria por meio dos axiomas apresentados no decorrer deste livro.

Há outros instrumentos utilizados para medir comprimentos, como a trena de fita (Figura 1.33), a trena digital (Figura 1.34), a fita métrica (Figura 1.35), o paquímetro (Figura 1.36) e o micrômetro (Figura 1.37).

Figura 1.33 – Trena de fita

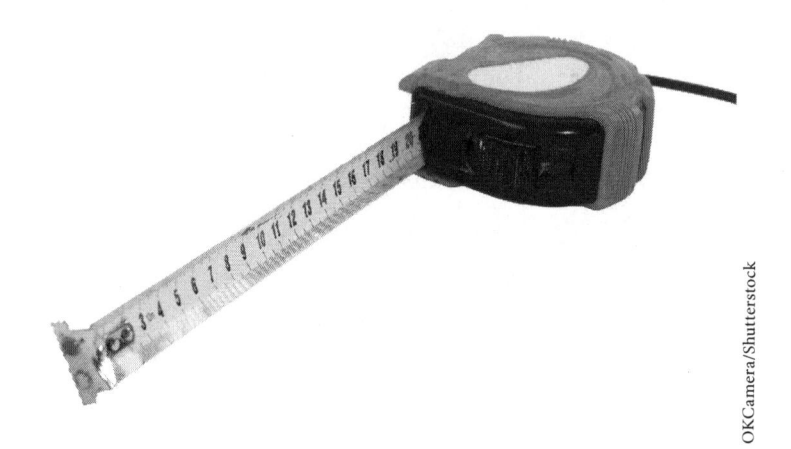

Figura 1.34 – Trena digital

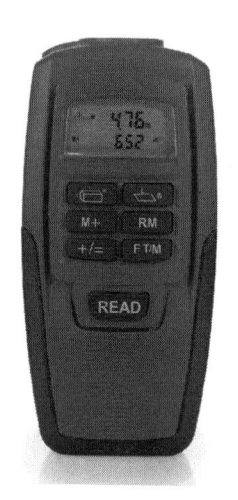

Figura 1.35 – Fita métrica

JMilos Zuzanin/Shutterstock

Figura 1.36 – Paquímetro

maggee/Shutterstock

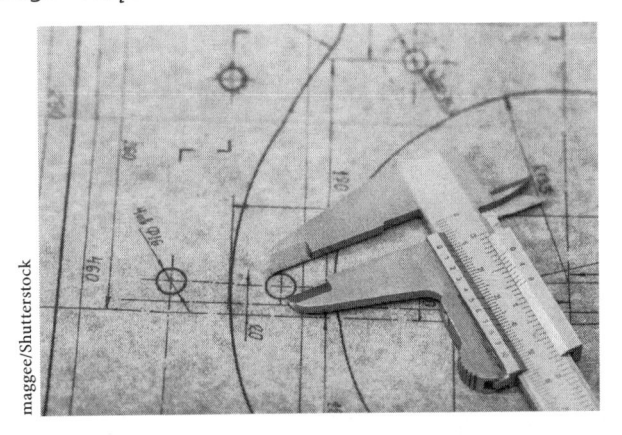

Figura 1.37 – Micrômetro

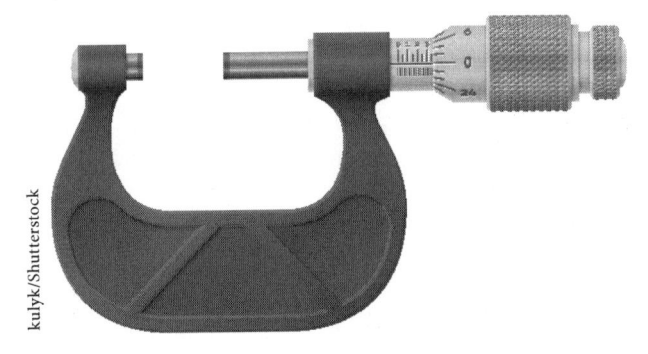

kulyk/Shutterstock

Vejamos, agora, o axioma VI.

> **Axioma VI**
>
> A todo par de pontos do plano corresponde um número maior ou igual a zero. Esse número é zero se, e somente se, os pontos são coincidentes.

O número mencionado nesse axioma é a distância entre os pontos, também chamado de *comprimento do segmento determinado pelos dois pontos*.

> **Axioma VII**
>
> Os pontos de uma reta sempre podem ser colocados em correspondência biunívoca* com os números reais, de maneira que a diferença entre esses números resulte na distância entre os pontos correspondentes.

Utilizando esse axioma, temos que o número correspondente a um ponto da reta é a coordenada deste ponto.

O axioma VI indica que o comprimento de um segmento AB será sempre maior que zero. Portanto, considerando a e b as coordenadas da extremidade do segmento AB, o comprimento desse segmento será dado pela diferença entre o maior e o menor desses números. Em outras palavras, o valor absoluto da diferença entre a e b é a medida do segmento AB.

O comprimento do segmento AB é representado por $\overline{AB}$. Assim:

$$\overline{AB} = |b - a|$$

---

* Segundo Houaiss e Villar (2009), "associa, a cada um dos elementos de um conjunto, um único elemento de outro conjunto, e vice-versa (diz-se de relação)".

Vamos ver, agora, o Axioma VIII.

Axioma VIII

Dado um ponto C entre A e B, como mostra a Figura 1.38, temos que $\overline{AC} + \overline{CB} = \overline{AB}$.

Figura 1.38 – Axioma VIII

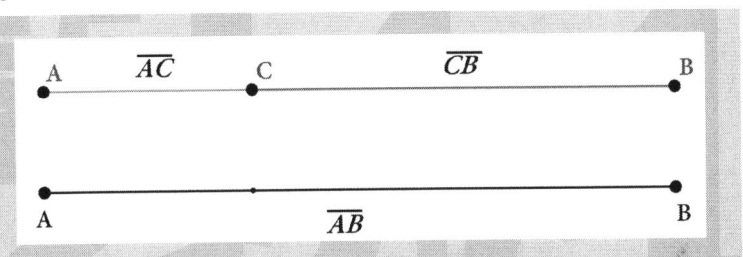

A ordenação dos números reais é feita pela relação "maior que", cujo símbolo é ">", ou "menor que", representado por "<". Portanto, se um número c está entre a e b, temos a seguinte relação:

$$a < c < b \text{ ou } b < c < a$$

O entendimento dessa relação será útil para a proposição seguinte.

1.5.1 Proposição

Se considerarmos um segmento AC em uma semirreta S_{AB}, com $\overline{AC} < \overline{AB}$, então o ponto C estará entre A e B.

Vamos à demonstração. Se os pontos B e C pertencem a S_{AB}, então o ponto A não pode estar entre B e C porque ele é a origem da semirreta S_{AB}. Considerando o ponto B entre A e C, pelo axioma VIII teríamos que $\overline{AB} + \overline{BC} = \overline{AC}$, resultando em $\overline{AB} < \overline{AC}$. Esse resultado é uma contradição, pois, por hipótese, $\overline{AC} < \overline{AB}$. Assim, é o ponto C que está entre A e B.

1.5.2 Teorema

Sejam A, B e C pontos de uma reta e os números a, b e c suas respectivas coordenadas. O ponto C está entre A e B se, e somente se, o número c estiver entre os números a e b.

Isso significa que, de acordo com o axioma VIII, se um ponto C está entre A e B, então $\overline{AC} + \overline{CB} = \overline{AB}$, ou seja:

$$|c-a| + |b-c| = |b-a|,$$

I. Supondo que $a < b$, temos:

$$|c-a| < |b-a| \quad \text{e} \quad |b-c| < |b-a|$$

Logo:

$$c - a < b - a \quad \text{e} \quad b - c < b - a$$
$$c < b \quad \text{e} \quad a < c$$

Assim, c está entre a e b.

II. Supondo que $b < a$, temos:

$$|c-b| < |a-b| \quad \text{e} \quad |a-c| < |a-b|$$

Então:

$$c - b < a - b \quad \text{e} \quad a - c < a - b$$
$$c < a \quad \text{e} \quad b < c$$

Desse modo, c está entre a e b.

Como conclusão, temos que $|c-a| + |b-c| = |b-a|$, ou seja, $\overline{AC} + \overline{CB} = \overline{AB}$. Então, $\overline{AC} < \overline{AB}$ e $\overline{CB} < \overline{AB}$.

1.5.3 Definição de ponto médio

Chama-se *ponto médio* do segmento AB o ponto C desse segmento tal que $\overline{AC} = \overline{CB}$.

1.5.4 Teorema

Um segmento tem exatamente *um* ponto médio. A prova desse teorema deverá contemplar a **existência** e a **unicidade** de um ponto médio.

I. **Existência:**

Consideremos os pontos A e B, com suas respectivas coordenadas a e b nas extremidades de um segmento. Chamando de c o número $c = \dfrac{a+b}{2}$, que é a coordenada do ponto C, temos:

$$\overline{AC} = |a-c| = \left|a - \frac{a+b}{2}\right| = \left|\frac{a}{2} - \frac{b}{2}\right|$$

$$\overline{CB} = |c-b| = \left|\frac{a+b}{2} - b\right| = \left|\frac{a}{2} - \frac{b}{2}\right|$$

$$\therefore$$
$$\overline{AC} = \overline{CB}$$

Como o número $c = \dfrac{a+b}{2}$ está entre os números a e b, temos que o ponto C está entre os pontos A e B, ou seja, C é o ponto médio de AB.

II. **Unicidade:**

Consideremos C o ponto médio obtido na prova de existência anterior e outro ponto C' pertencente ao segmento AB, tal que $\overline{AC'} = \overline{C'B}$. Sejam a, b e c' as coordenadas dos pontos A, B e C', temos, respectivamente:

$$a < c' < b \qquad\qquad b < c' < a$$
$$c' - a = b - c' \qquad\qquad c' - b = a - c'$$
$$2c' = a + b \qquad\text{ou}\qquad 2c' = a + b$$
$$c' = \frac{a+b}{2} \qquad\qquad c' = \frac{a+b}{2}$$

Em ambos os casos, $c' = \dfrac{a+b}{2}$, isto é, $c' = c$ ou $C' = C$. Fica provada, assim, a existência de um único ponto médio do segmento AB.

1.5.5 Definição de Círculo

Sejam A um ponto do plano e r um número real maior que zero, chamamos de *círculo de centro A e raio r* o conjunto constituído por todos os pontos B do plano, tais que $\overline{AB} = r$, como mostra a Figura 1.39 a seguir.

Figura 1.39 – Círculo de centro A e raio r

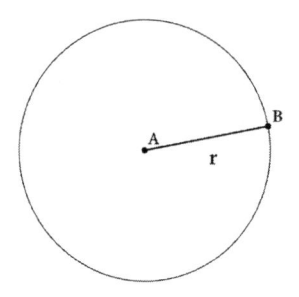

Dado um ponto C tal que $\overline{AC} < r$, dizemos que C é um ponto **dentro** do círculo (Figura 1.40).

Figura 1.40 – Ponto C dento do círculo

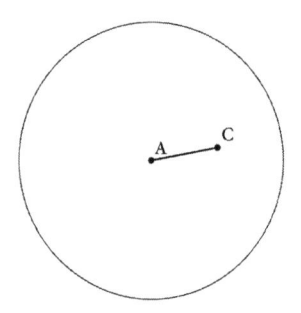

Dado um ponto D tal que $\overline{AD} > r$, dizemos que D é um ponto **fora** do círculo (Figura 1.41). O conjunto dos pontos que estão dentro do círculo é denominado *disco de raio r e centro A*.

Figura 1.41 – Ponto D fora do círculo

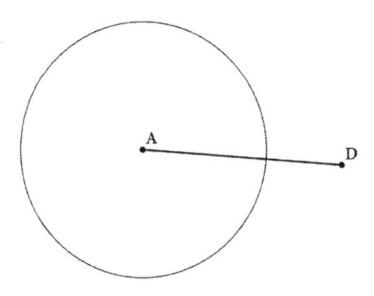

Como consequência do axioma VIII, temos que o segmento de reta que liga um ponto de dentro do círculo com um ponto fora dele contém um ponto em comum com o círculo.

Síntese

Neste capítulo, apresentamos antecedentes históricos sobre o estudo da geometria pelos povos antigos e a notória e interessante observação da presença de formas geométricas na natureza.

Conhecemos brevemente a história de Euclides de Alexandria, considerado o "pai da geometria". Vimos que sua maior obra literária, *Elementos*, originou a geometria euclidiana, objeto de estudo deste livro.

Para dar início ao estudo axiomático-dedutivo da geometria euclidiana, apresentamos o significado de *definições, postulados, noções comuns* e *axiomas*, além de uma sugestão para facilitar o estudo do leitor na formalização das demonstrações, separando a hipótese da tese.

Apresentamos também as ideias e proposições primitivas da geometria plana, partindo das definições de ponto, reta, plano e superfície. Por fim, estudamos os axiomas de incidência, ordem e medição de segmentos.

Atividades resolvidas

1. Demonstre que existem infinitos pontos em um segmento.

   Resolução:

   Pelo axioma III, dados dois pontos A e B, sempre existem um ponto C entre A e B e um ponto D tal que B está entre A e D. Usando esse axioma infinitas vezes, teremos infinitos pontos em um segmento.

2. Considere dois pontos A e B. Quantas retas contêm esses pontos?

   Resolução:

   De acordo com o axioma II, dados dois pontos distintos, existe uma única reta que contém esses pontos.

3. Marque os pontos A, B, C e D sobre uma reta, nessa ordem, da esquerda para a direita, e determine:

   a) $AB \cup BC$

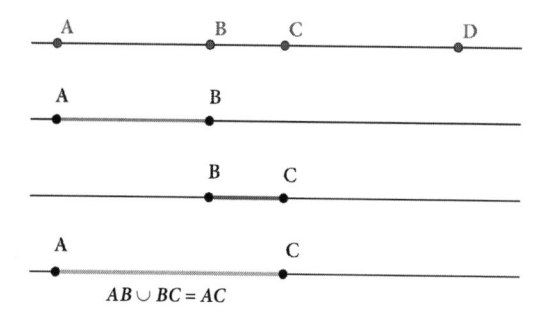

   Resolução:

   $AB \cup BC = AC$

b) $AC \cup BD$

Resolução:

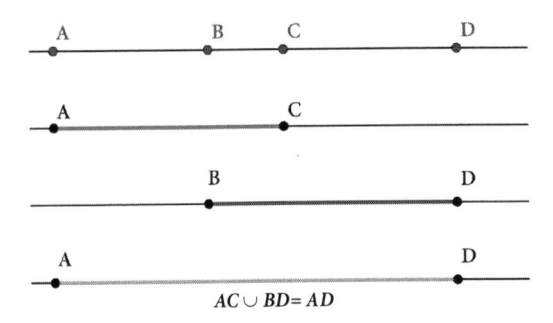

$AC \cup BD = AD$

c) $AC \cap BD$

Resolução:

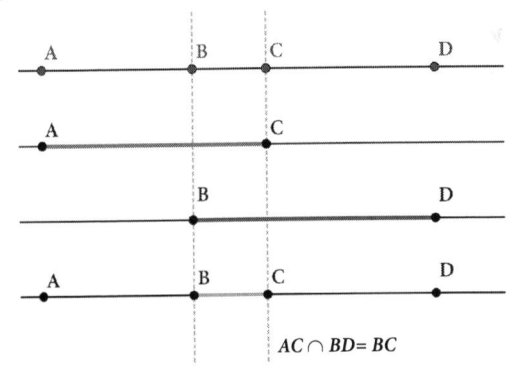

$AC \cap BD = BC$

d) $AB \cap CD$

Resolução:

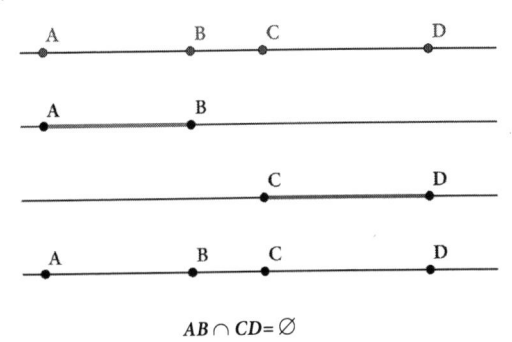

$AB \cap CD = \varnothing$

e) $S_{AB} \cup S_{BA}$

Resolução:

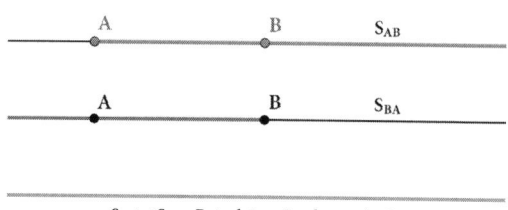

$S_{AB} \cup S_{BA}$ = Reta determinada por A e B

f) $S_{AB} \cap S_{BA}$

Resolução:

$S_{AB} \cap S_{BA} = AB$

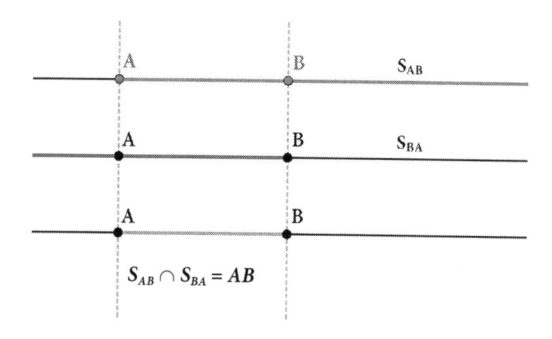

4. Considere uma circunferência de raio r e centro A. Se os pontos B e C são pontos em comum dessa circunferência, o que podemos afirmar sobre o triângulo que une os pontos A, B e C?

Resolução:

Observe que o comprimento do segmento AB é igual ao comprimento do segmento AC, e ambos representam o raio dessa circunferência. Sendo assim, podemos afirmar que esse triângulo será isósceles, independentemente das coordenadas dos pontos B e C, conforme demonstra a imagem a seguir.

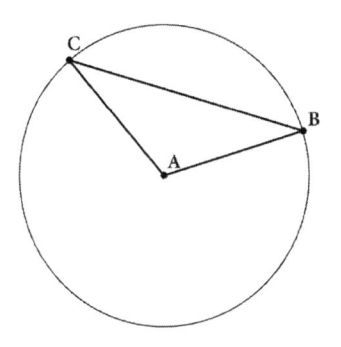

5. Três cidades estão representadas pelos pontos A, B e C colineares (sobre a mesma reta), com B entre A e C. Sabendo que a distância da cidade A até B é o quádruplo da distância da cidade B até C, calcule as distâncias de A até B e de B até C, tendo em mente que a distância de A até C é 40 km.

Resolução:

Observe a imagem a seguir.

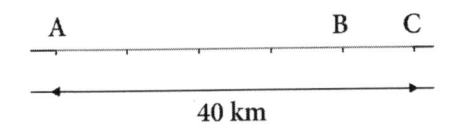

Temos $AB = 4 \cdot BC$ e $AC = AB + BC$.

Então:

$40 = 4BC + BC$

$40 = 5BC$

$BC = 8$ km

E como $AB = 4 \cdot BC$, temos que:

$AB = 4 \cdot 8$

$AB = 32$ km

Sendo assim, a distância da cidade A até B é de 32 km, e de B até C é de 8 km.

Atividades de autoavaliação

1. Assinale a alternativa correta:

   a) No plano, as figuras geométricas elementares são os quadrados, os retângulos, os triângulos e os círculos.
   b) No plano, as figuras geométricas elementares são os pontos.
   c) No plano, as figuras geométricas elementares são as retas.
   d) No plano, as figuras geométricas elementares são os pontos e as retas.

2. Assinale a alternativa **incorreta**:

   a) A interseção de duas retas distintas pode conter dois ou mais pontos.
   b) A interseção de duas retas distintas pode ser vazia.
   c) A interseção de duas retas distintas pode conter apenas um ponto.
   d) A interseção de duas retas distintas não pode conter dois ou mais pontos.

3. Assinale a alternativa que preenche corretamente a frase: "Dados três pontos de uma reta, _____ entre os outros _____."

   a) um ou dois localizam-se; dois.
   b) um, e apenas um, localiza-se; dois.
   c) dois localizam-se; três.
   d) três localizam-se; dois.

4. Quantas retas são determinadas com três pontos não colineares? E com quatro pontos não colineares? Responda de acordo com a ordem solicitada.

   a) 2 e 3.
   b) 3 e 2.
   c) 3 e 6.
   d) 4 e 3.

5. Dadas as semirretas determinadas pelo ponto A, se considerarmos um segmento AC em uma semirreta S_{AB}, com $\overline{AC} < \overline{AB}$, então:

a) C está entre A e B.
b) A está entre B e C.
c) B está entre A e C.
d) C e B podem ser separados pelo ponto A.

Atividades de aprendizagem

Questões para reflexão

1. Pesquise sobre os instrumentos utilizados para medir comprimentos, como a trena de fita, trena digital, fita métrica, paquímetro e micrômetro. Faça um breve comentário sobre a utilização de cada um desses instrumentos.

2. Dê exemplos de situações nas quais é mais viável utilizar cada um dos instrumentos citados na atividade anterior.

Atividade aplicada: prática

Saia para um passeio e faça uma pesquisa sobre a geometria existente na natureza. Fotografe as formas geométricas que encontrar e depois compare as imagens feitas com as informações apresentadas neste capítulo.

ÂNGULOS, AXIOMAS DE MEDIÇÃO E CONGRUÊNCIA

Neste capítulo, estudaremos os ângulos, que são de grande importância para a geometria. Para trabalharmos com esses elementos, precisamos introduzir seus conceitos, definições e representações, que serão apresentados no decorrer deste estudo.

O estudo dos axiomas de medição facilita a compreensão dos diversos conceitos envolvidos na medida dos ângulos, que podem ser medidos em graus, grados ou radianos, dependendo da situação proposta. Há também uma subdivisão para os ângulos em graus, minutos e segundos, originários da base sexagenária utilizada pelos antigos povos babilônicos.

Saiba mais

A razão para a criação e utilização da base sexagenária surgiu da hipótese de que o número de dias do ano, arredondado para 360, originou a divisão do círculo em 360°. Como a sextante (sexta parte) do círculo é igual ao raio, o círculo foi novamente dividido em seis partes iguais a 60°, originando o sistema em base 60, ou seja, o sistema de base sexagenária.

Figura 2.1 – Círculo dividido em seis partes iguais a 60°

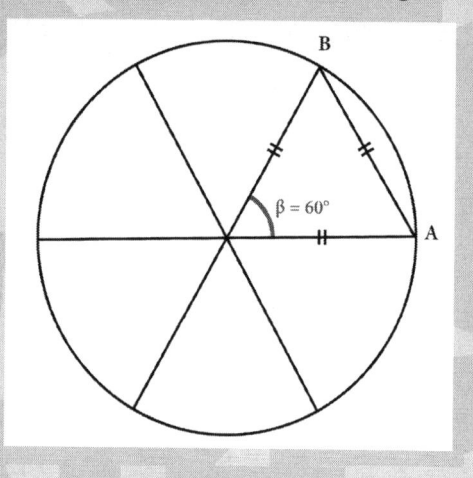

A congruência entre segmentos, ângulos e triângulos, que também será estudada neste capítulo, será utilizada para a demonstração de inúmeros axiomas e teoremas em variadas áreas da matemática. Assim sendo, a análise, compreensão e utilização dos casos de congruência é de extrema importância na matemática.

2.1 ÂNGULOS: INTRODUÇÃO

Realizaremos o estudo dos ângulos de maneira análoga ao dos segmentos. Ao compreendermos seus conceitos, definições e representações, poderemos conhecer suas medidas e comparações.

2.1.1 Definição

Ângulo é a região de um plano formada por duas semirretas com a mesma origem. As semirretas são denominadas *lados do ângulo*, e a origem comum, *vértice*. Na Figura 2.2, a seguir, os lados do ângulo são as semirretas *s* e *t* e o vértice do ângulo é representado pela letra O.

Nesse sentido, o ângulo é a região do plano formada pelas duas semirretas *s* e *t*.

Figura 2.2 – Representação de ângulo

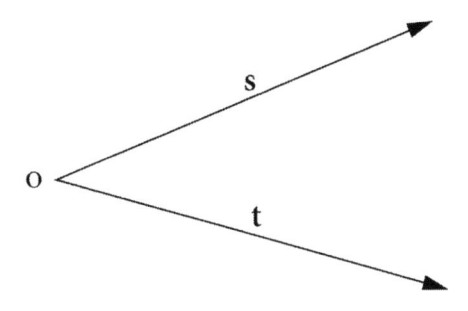

Quando os lados do ângulo são formados por duas semirretas opostas, ele é denominado *ângulo raso*. Se os lados do ângulo forem formados por duas semirretas coincidentes, é chamado *ângulo nulo*.

Figura 2.3 – Ângulo raso e ângulo nulo

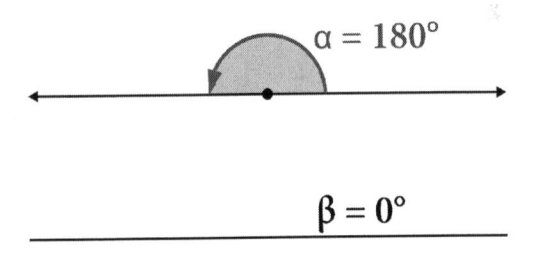

$\alpha = 180°$

$\beta = 0°$

Figura 2.4 – Regiões angulares

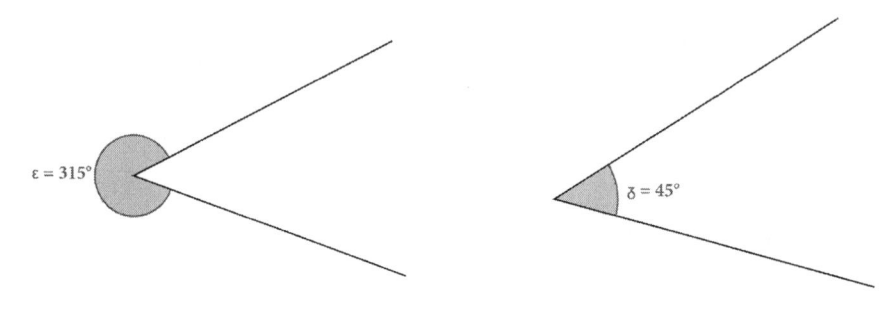

ε = 315°

δ = 45°

Podemos medir ângulos na região angular **externa** ou **interna**. A Figura 2.4 mostra um exemplo de região angular externa que mede 315° e um exemplo de região angular interna que mede 45°.

2.2 ÂNGULOS: REPRESENTAÇÕES

Existem diversas maneiras de representar um mesmo ângulo. Na Figura 2.5, temos um ângulo formado pelas semirretas A e B, de vértice O, representado por AÔB ou BÔA. A letra que indica o vértice deve ficar entre as outras duas, que indicam as semirretas. Para representar o ângulo também é utilizada apenas a letra do vértice com o acento circunflexo, que nesse caso é Ô.

Figura 2.5 – Ângulo AÔB ou BÔA

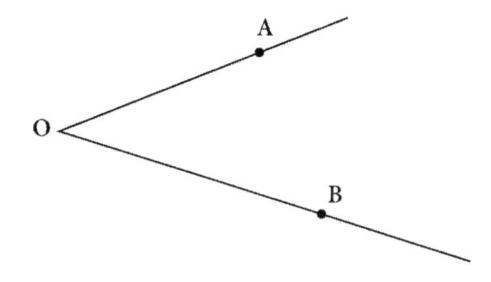

É comum também a utilização de letras gregas para representar os ângulos. Elas devem ser escritas próximas aos vértices, como mostra a Figura 2.6, que apresenta um triângulo de ângulos α, β e θ.

Figura 2.6 – Representação de ângulos em um triângulo

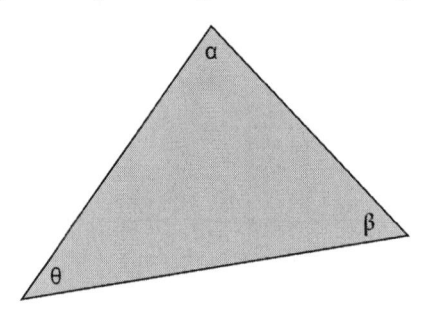

2.3 Axiomas de medição de ângulos

Com o auxílio de um transferidor, é possível medir os ângulos em **graus**. A circunferência é dividida em 360 partes iguais, sendo cada uma delas denominada *1 grau*, ou *1°*. Utiliza-se também minutos e segundos de grau, sendo um minuto (1') equivalente à sexagésima parte do grau e um segundo (1") equivalente à sexagésima parte do minuto.

Assim:

$1° = \dfrac{1}{360}$ da circunferência

$1' = \dfrac{1°}{60}$

$1'' = \dfrac{1'}{60}$

A Figura 2.7 traz como exemplo o ângulo *BÂC*, que mede 40°, independentemente da posição em que o transferidor é colocado. Observe que o vértice do ângulo, que nesse caso é *A*, deve ser colocado no ponto zero do transferidor.

Figura 2.7 – Transferidor

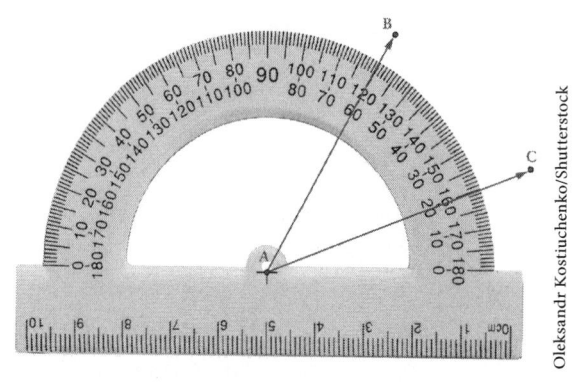

Vejamos, agora, o axioma IX.

> **Axioma IX**
>
> A todo ângulo está associado um número positivo e real. O ângulo será nulo se, e somente se, as duas semirretas que o determinam forem coincidentes.

O número real positivo mencionado no axioma IX é denominado *medida do ângulo*.

2.3.1 Definição da divisão de um semiplano

Afirmamos que uma semirreta divide um semiplano se ela estiver contida nesse semiplano e se sua origem for um ponto da reta que o determina. A Figura 2.8 ilustra essa definição.

Figura 2.8 – Divisão de um semiplano

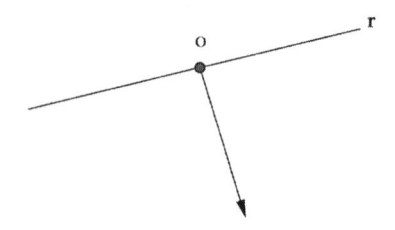

Agora, vejamos o axioma X.

> ## Axioma X
>
> Seja $r > 0$, é possível colocar, em correspondência biunívoca, os números reais entre 0 e r e as semirretas de mesma origem que dividem um dado semiplano, de maneira que a diferença entre esses números seja a medida do ângulo formado pelas semirretas correspondentes.

Aos ângulos rasos associamos os números r e, ao ângulo nulo, o número 0.

> ## Importante
>
> - Nos casos em que $r = 180$, a medida dos ângulos será dada em graus.
> - Nos casos em que $r = 200$, a medida dos ângulos será dada em grados.
> - Nos casos em que $r = \pi$, a medida dos ângulos será dada em radianos.

O número associado a uma dada semirreta é chamado de *coordenada da semirreta*. A Figura 2.9, a seguir, mostra uma semirreta S_{OA}, cuja coordenada é 45, e a semirreta S_{OB}, que tem coordenada 112,5. Utilizando o axioma X, temos que a medida do ângulo $A\hat{O}B$ é 67,5°, pois $112,5 - 45 = 67,5$.

Figura 2.9 – Ângulo AÔB

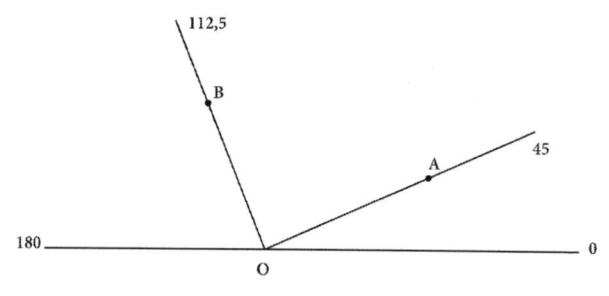

De modo geral, se a e b forem as coordenadas dos lados do ângulo AÔB, a medida do ângulo será $|a - b|$, ou seja, $AÔB = |a - b|$.

2.3.2 Definição da divisão de um ângulo por semirretas

Sejam S_{OA}, S_{OB} e S_{OC} semirretas com a mesma origem O, dizemos que S_{OC} divide o ângulo AÔB se o segmento AB interceptar S_{OC}, como mostra a Figura 2.10.

Figura 2.10 – Representação da definição da Seção 2.3.2

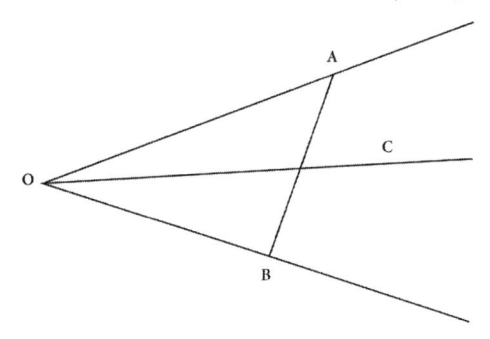

Observe, agora, o axioma XI.

Axioma XI

Se uma semirreta S_{OC} divide um ângulo AÔB, então:
$$AÔB = AÔC + CÔB$$

Dois ângulos são ditos *consecutivos* quando têm um lado comum e pontos internos comuns. Se os outros lados dos ângulos estão em semiplanos opostos, não tendo pontos internos comuns, mas definidos pelo lado comum, então eles são chamados de *adjacentes*. As Figuras 2.11 e 2.12 mostram ângulos consecutivos, e a Figura 2.13 apresenta ângulos consecutivos e adjacentes.

Figura 2.11 – Ângulos consecutivos

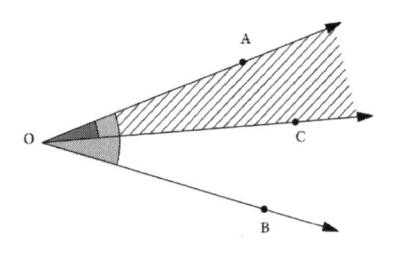

Os ângulos $A\hat{O}C$ e $A\hat{O}B$ possuem pontos internos comuns (área hachurada)

Figura 2.12 – Ângulos consecutivos

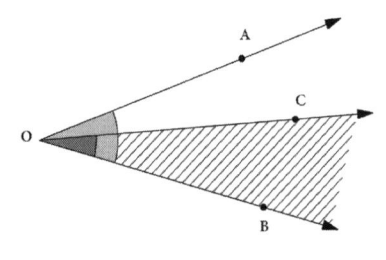

Os ângulos $C\hat{O}B$ e $A\hat{O}B$ possuem pontos internos comuns (área hachurada)

Figura 2.13 – Ângulos consecutivos e adjacentes

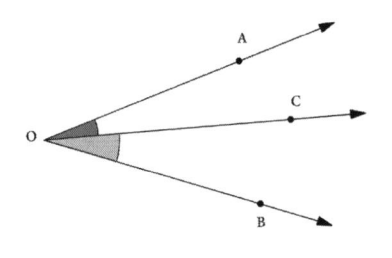

Os ângulos $A\hat{O}C$ e $C\hat{O}B$ não possuem pontos internos comuns. Logo, os ângulos $A\hat{O}C$ e $C\hat{O}B$ são consecutivos e adjacentes

2.3.3 Definição de ângulos suplementares

Se a soma das medidas de dois ângulos resultar em 180°, então tais ângulos são ditos *suplementares*. O suplemento de um ângulo é o ângulo adjacente ao ângulo dado obtido pelo prolongamento de um de seus lados.

A Figura 2.14 mostra o ângulo $A\hat{O}C$ como suplemento do ângulo $A\hat{O}B$. Observe que a soma dos ângulos dados resulta em 180°, e o ângulo $A\hat{O}C$ foi obtido pelo prolongamento do segmento OB.

Figura 2.14 – Ângulos suplementares

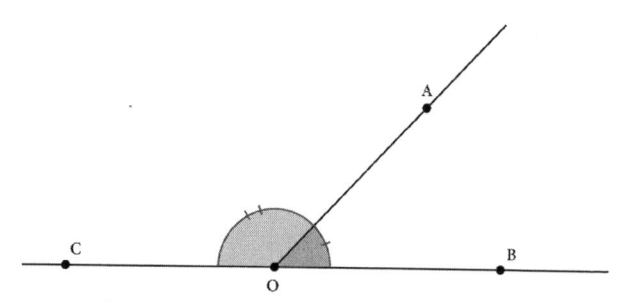

O ângulo $A\hat{O}B$ e seu suplementar $A\hat{O}C$ são suplementares. Um ângulo e seu suplemento sempre serão ângulos suplementares e, além disso, se dois ângulos têm a mesma medida, o mesmo ocorrerá com seus ângulos suplementares. Quando a soma dos ângulos resulta em um ângulo reto, ou seja, 90°, os ângulos são ditos *complementares*.

A interseção de duas retas distintas resulta na formação de quatro ângulos. Os ângulos $A\hat{O}B$ e $D\hat{O}C$ são opostos pelo vértice, e o mesmo ocorre com os ângulos $A\hat{O}D$ e $B\hat{O}C$.

Figura 2.15 – Ângulos opostos pelo vértice

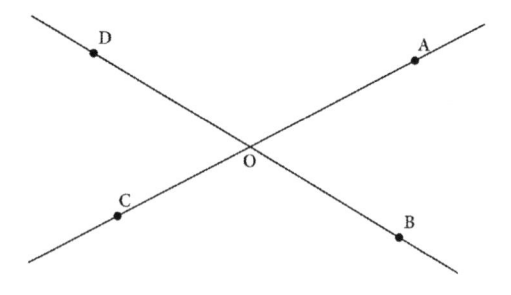

2.3.4 Proposição

Os ângulos opostos pelo vértice têm a mesma medida.

Vamos à demonstração. Sejam os ângulos $A\hat{O}B$ e $C\hat{O}D$ opostos pelo vértice, decorre que eles apresentam o mesmo ângulo suplementar $A\hat{O}D$.

Assim:

$$\begin{cases} A\hat{O}B + A\hat{O}D = 180° \\ C\hat{O}D + A\hat{O}D = 180° \end{cases} \therefore A\hat{O}B = C\hat{O}D$$

Agora, tente realizar você mesmo a demonstração de que $A\hat{O}D = B\hat{O}C$, o que pode ser feito de maneira análoga à apresentada anteriormente.

2.3.5 Definição de ângulo reto

O ângulo reto é um ângulo cuja medida é 90°. O suplemento de um ângulo reto é também um ângulo reto. Duas retas são chamadas *perpendiculares* quando elas se interceptam e um dos quatro ângulos formados por elas mede 90° e, se um dos ângulos formados por elas for reto, então os outros três ângulos também o serão.

Figura 2.16 – Retas perpendiculares

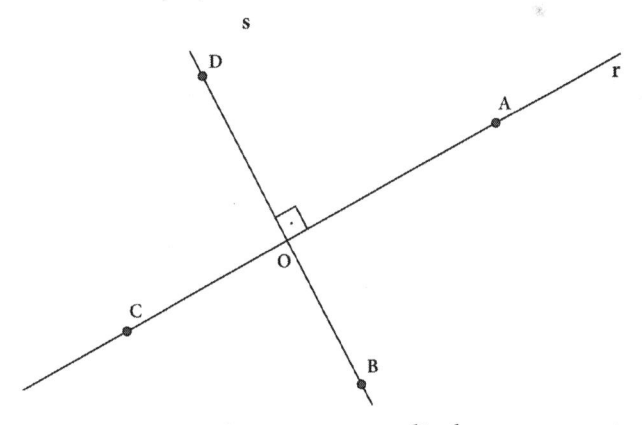

A Figura 2.16 mostra duas retas perpendiculares r e s e quatro ângulos retos, quais sejam: $A\hat{O}B = B\hat{O}C = C\hat{O}D = A\hat{O}D = 90°$.

> **Saiba mais**
>
> O ângulo de 90°, ou ângulo reto, é o mais verificado em aplicações no cotidiano: no esquadrejamento de uma casa, na construção de grades, portões, janelas, pés de cadeiras ou mesas, plantas baixas, caixas, na determinação de alturas ou comprimentos elevados, entre outras.

Figura 2.17 – Aplicações do ângulo de 90° no cotidiano

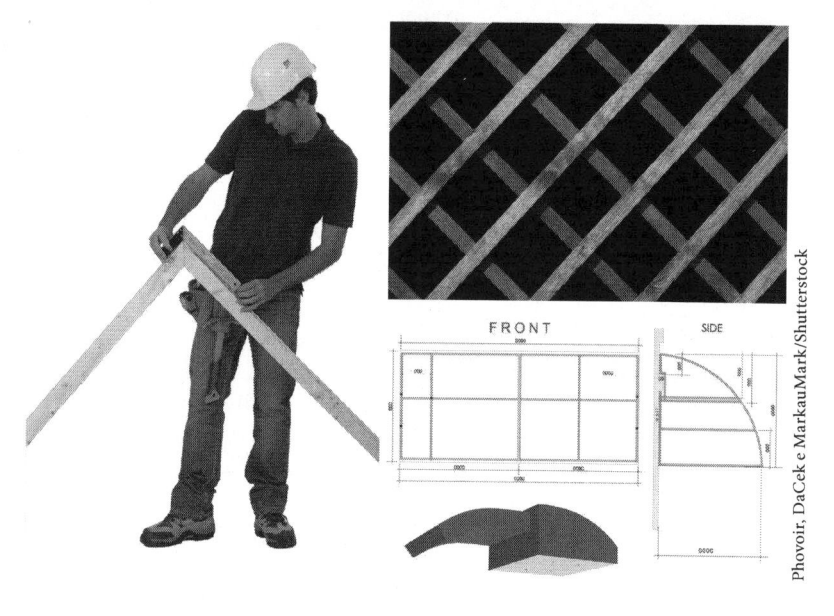

Phovoir, DaCek e MarkauMark/Shutterstock

2.3.6 TEOREMA

Por qualquer ponto de uma reta passa uma única perpendicular **não coincidente** a essa reta.

Sabendo disso, vamos, agora, às demonstrações de existência e unicidade.

I. **Existência:**

Sejam uma reta r e um ponto O sobre ela. As duas semirretas determinadas pelo ponto O formam um ângulo raso, ou seja, 180°. Consideremos um dos semiplanos determinados pela reta *r*. Pelo axioma XI, temos que há uma única semirreta *s* com origem no ponto *O* que divide o semiplano considerado e cuja coordenada é 90°. Essa semirreta *s* forma, juntamente às duas semirretas determinadas pelo ponto *O* e sobre a reta *r*, ângulos de 90°. Logo, ela é perpendicular à reta *r*, como mostra a Figura 2.18, a seguir.

Figura 2.18 – Reta *s* perpendicular à reta *r*

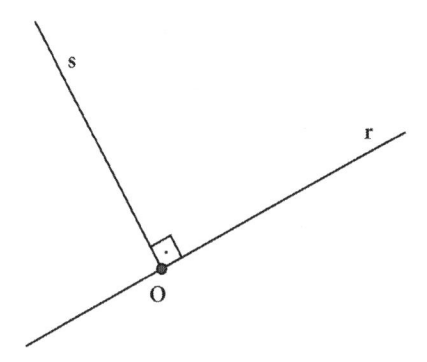

II. **Unicidade:**

Suponha que existam duas retas *s* e *s'* passando pelo ponto *O* e perpendiculares à reta *r*. Agora, fixemos um dos semiplanos determinados por *r*. Na Figura 2.19, vemos que as interseções das retas *s* e *s'* com esse semiplano são semirretas que formam um ângulo α entre si e outros dois ângulos, β e θ, com as semirretas determinadas pelo ponto *O* na reta *r*.

Figura 2.19 – Demonstração de unicidade

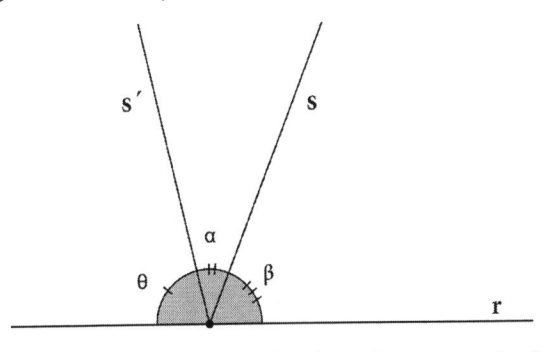

Como as retas *s* e *s'* são perpendiculares à reta *r*, então $\beta = \theta = 90°$. E como $\alpha + \beta + \theta = 180°$, devemos ter $\alpha = 0°$. Assim, as retas *s* e *s'* são coincidentes.

2.4 Congruência

Se dois segmentos AB e CD são congruentes, então $\overline{AB} = \overline{CD}$. Dizemos que dois ângulos $\hat{A}$ e $\hat{B}$ são congruentes quando eles apresentam a mesma medida. De acordo com Costa (2012, p. 15), "Com esta definição, as propriedades da igualdade de números passam a valer para a congruência de segmentos e de ângulos. Assim, um segmento será congruente a ele mesmo, e se dois segmentos são congruentes a um terceiro, então são congruentes entre si". Essa consequência também vale para ângulos, sendo a relação de congruência de segmentos e ângulos uma relação de **equivalência**.

Os símbolos utilizados para demonstrar congruência são "=", "≡" ou "≅". Nesta obra, utilizaremos o símbolo "=". Assim, em $AB = CD$, temos a leitura "AB é congruente a CD", e, em $\hat{A} = \hat{B}$, a leitura é "o ângulo $\hat{A}$ é congruente ao ângulo $\hat{B}$".

2.4.1 Definição de triângulos congruentes

Afirmamos que dois triângulos são congruentes quando é possível estabelecer uma correspondência biunívoca entre seus vértices, de modo que seus ângulos e lados sejam congruentes.

Observe a Figura 2.20.

Figura 2.20 – Triângulos congruentes

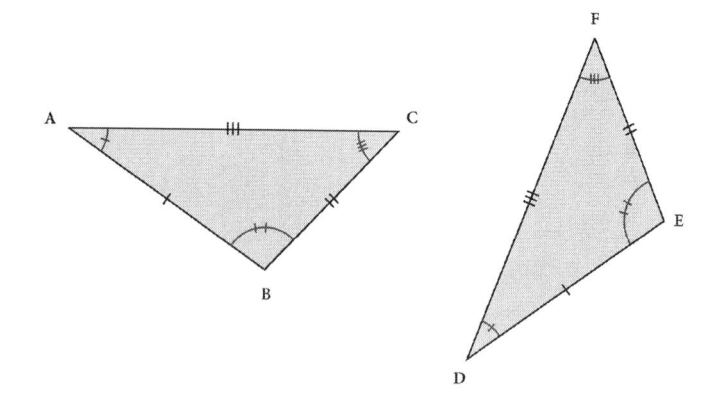

Nas imagens, vemos que o triângulo ABC é congruente ao triângulo DEF, e para eles são válidas as seguintes relações:

$$AB = DE \quad BC = EF \quad AC = DF$$
$$\hat{A} = \hat{D} \quad \hat{B} = \hat{E} \quad \hat{C} = \hat{F}$$

Escrevemos ABC = DEF para indicar que os triângulos ABC e DEF são congruentes e que a congruência leva A em D, B em E e C em F.

Axioma XII

Dados dois triângulos ABC e DEF, se AC = EF, BC = DF e $\hat{C} = \hat{F}$, então $\triangle ABC = \triangle DEF$ (lê-se "o triângulo ABC é congruente ao triângulo DEF").

Esse axioma é conhecido como o *primeiro caso de congruência de triângulos: lado-ângulo-lado (LAL)*. A Figura 2.21 exemplifica esse axioma.

Figura 2.21 – Congruência de triângulos LAL

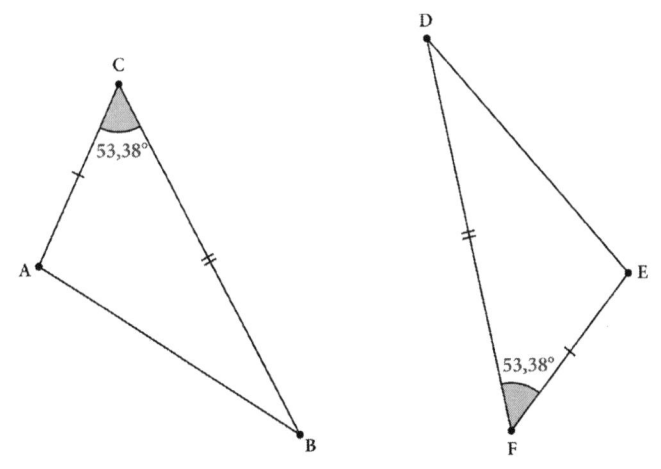

Nos dois triângulos da Figura 2.21, temos que os segmentos AC e EF são congruentes, assim como BC e DF. Verificamos também a congruência entre os pares de ângulos $\hat{C}$ e $\hat{F}$, ou seja:

$$\left.\begin{array}{l} AC = EF \\ BC = DF \\ \hat{C} = \hat{F} \end{array}\right\} \quad LAL \; \left(lado\text{-}ângulo\text{-}lado\right)$$

2.4.2 Teorema (segundo caso de congruência de triângulos)

Dados dois triângulos ABC e DEF, se $AB = DE$, $\hat{C} = \hat{F}$ e $\hat{A} = \hat{D}$, então $\triangle ABC = \triangle DEF$.

Esse teorema é conhecido como *o segundo caso de congruência de triângulos: ângulo-lado-ângulo (ALA)*. A Figura 2.22 exemplifica esse axioma.

Figura 2.22 – Congruência de triângulos (caso ALA)

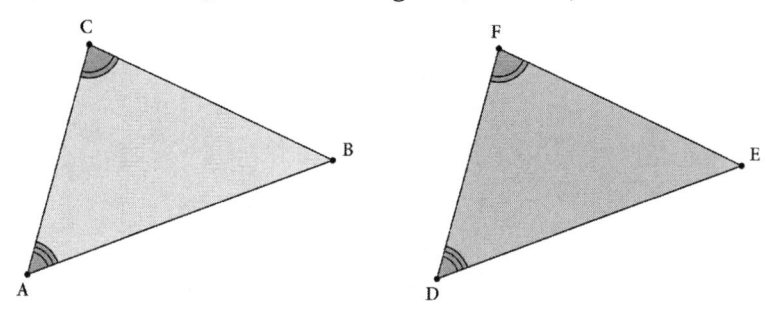

Nas imagens, temos que:

$$\left.\begin{array}{l} AB = DE \\ \hat{A} = \hat{D} \\ \hat{C} = \hat{F} \end{array}\right\} \quad ALA \; (ângulo\text{-}lado\text{-}ângulo)$$

2.4.3 Definição de triângulo isósceles

Se um triângulo apresenta dois lados congruentes, então ele é dito *isósceles*. Os dois lados congruentes são chamados *laterais* e o terceiro lado é denominado *base*.

2.4.4 Proposição

Em um triângulo isósceles, os ângulos da base são congruentes. Seja ABC um triângulo em que $AB = AC$, vamos provar que $\hat{B} = \hat{C}$, comparando o triângulo ABC com ele mesmo, de modo que os vértices possuam a seguinte correspondência:

$$A \leftrightarrow A, B \leftrightarrow C, C \leftrightarrow B$$

Por hipótese, $AB = AC$ e $AC = AB$. Como $\hat{A} = \hat{A}$, temos, de acordo com o primeiro caso de congruência de triângulos LAL, que essa correspondência define uma congruência. Logo, $\hat{B} = \hat{C}$, como mostra a Figura 2.23.

Figura 2.23 – *Triângulos congruentes*

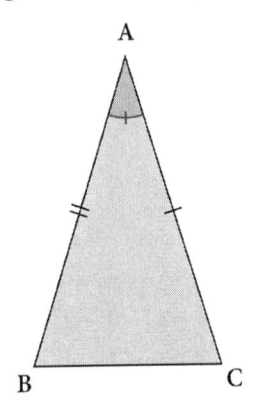

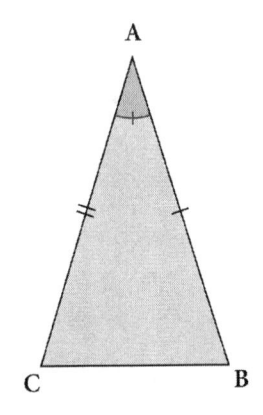

2.4.5 Proposição

Se um triângulo ABC tem dois ângulos congruentes, então esse triângulo é isósceles.

Vejamos. Seja ABC um triângulo em que $\hat{B} = \hat{C}$. Queremos provar que $AB = AC$. Como na demonstração da proposição da Seção 2.4.4, faremos uma comparação do triângulo ABC com ele mesmo, de modo que os vértices apresentam a seguinte correspondência:

$$A \leftrightarrow A,\ B \leftrightarrow C,\ C \leftrightarrow B$$

Observe a Figura 2.24 a seguir.

Figura 2.24 – Triângulos congruentes

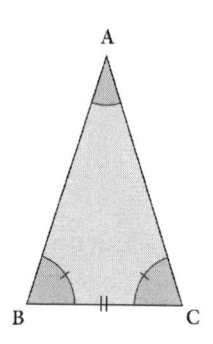

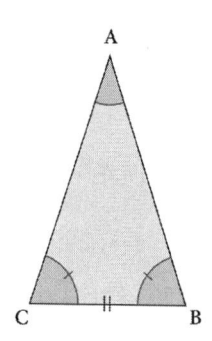

Na imagem, verificamos que $BC = CB$, $\hat{B} = \hat{C}$ e $\hat{C} = \hat{B}$. Pelo segundo caso de congruência de triângulos (ALA), essa correspondência é uma congruência. Assim, $AB = AC$.

2.4.6 Definição de mediana, bissetriz e altura

Sejam ABC um triângulo qualquer e D um ponto da reta que contém B e C. Dizemos que o segmento AD é a **mediana** do triângulo relativamente ao lado BC se D for o ponto médio de BC, e o segmento AD será **bissetriz** do ângulo $\hat{A}$ se a semirreta S_{AD} dividir o ângulo $B\hat{A}C$ em dois ângulos congruentes, ou seja, $C\hat{A}D = D\hat{A}B$. O segmento AD será chamado de *altura* do triângulo relativa ao lado BC se AD for perpendicular à reta que contém B e C.

A Figura 2.25, a seguir, mostra três triângulos ABC.

Figura 2.25 – Mediana, bissetriz e altura

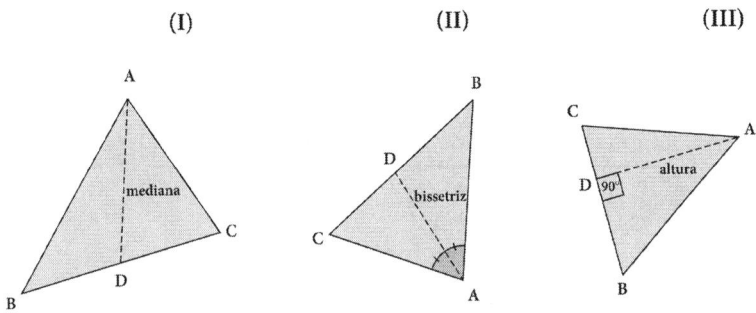

(I) (II) (III)

No triângulo I, o segmento AD é a mediana relativa ao lado BC, pois D é o ponto médio de BC. No triângulo II, o segmento AD é a bissetriz relativa ao lado BC, uma vez que divide o ângulo $\hat{A}$ em dois ângulos congruentes. O triângulo III traz o segmento AD como altura relativa ao lado BC, porque o segmento AD é perpendicular à reta que contém B e C.

2.4.7 Proposição

Em um triângulo isósceles, a mediana relativamente à base é também a bissetriz e a mediana.

Consideremos ABC um triângulo isósceles com base BC e AD o segmento que indica a mediana relativamente à base. Para provar que a mediana AD é também a bissetriz do triângulo ABC, é necessário ter $B\hat{A}D = D\hat{A}C$, e, para concluir que AD é a altura do triângulo ABC, devemos ter $A\hat{D}B = A\hat{D}C = 90°$.

Vejamos, agora, a Figura 2.26.

Figura 2.26 – Triângulo isósceles

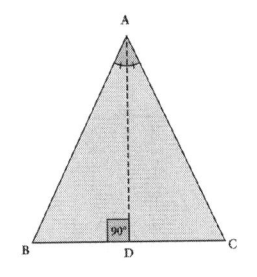

Considerando os triângulos ABD e ACD da Figura 2.26, temos que $BD = DC$, pois, por hipótese, AD é a mediana; $AB = AC$, já que o triângulo ABC é isósceles, e $\hat{B} = \hat{C}$, conforme visto anteriormente. Temos, portanto, uma congruência (LAL: lado-ângulo-lado) e $ABD = ACD$.

Logo, $B\hat{A}D = D\hat{A}C$ e $A\hat{D}B = A\hat{D}C$.

A igualdade $B\hat{A}D = D\hat{A}C$ mostra que AD é **bissetriz** do ângulo $B\hat{A}C$. Como $B\hat{D}C$ é um ângulo raso (180°) e $A\hat{D}B + A\hat{D}C = B\hat{D}C$, então:

$$A\hat{D}B + A\hat{D}C = B\hat{D}C$$
$$A\hat{D}B + A\hat{D}C = 180°$$

Já sabemos que $A\hat{D}B = A\hat{D}C$. Assim, $A\hat{D}B = A\hat{D}C = 90°$.

Portanto, AD é perpendicular a BC. Concluímos que AD é a **altura** do triângulo ABC relativamente à base BC.

2.4.8 Teorema (terceiro caso de congruência de triângulos)

Se dois triângulos apresentam três lados correspondentes congruentes, então os triângulos são congruentes.

Esse teorema é considerado *o terceiro caso de congruência de triângulos (LLL: lado-lado-lado)*.

Vejamos a sua demonstração. Sejam ABC e DEF dois triângulos em que $AB = DE$, $BC = FG$ e $AC = DF$, como mostra a Figura 2.27. Vamos provar que $ABC = DEF$.

Figura 2.27 – Terceiro caso de congruência de triângulos

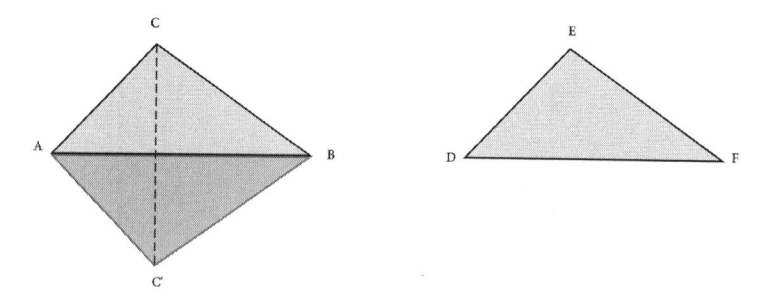

Para desenvolver a Figura 2.27, com base na semirreta S_{AB} e no semiplano oposto ao que contém o ponto C, construímos um ângulo igual ao ângulo $\hat{D}$. No lado desse ângulo que não contém o ponto B, marcamos um ponto C' tal que $AC' = DE$ e ligamos C' a B. Por hipótese, temos que $AB = DF$, e, por construção, $AC' = DE$ e $C'\hat{A}B = E\hat{D}F$. Pelo primeiro caso de congruência de triângulos (LAL), temos que $ABC' = DEF$.

Para mostrar que os triângulos ABC e DEF são congruentes, vamos traçar o segmento CC'. Como $AC' = DE = AC$ e $C'B = EF = BC$, então os triângulos $AC'C$ e $BC'C$ são isósceles. Assim, $A\hat{C}'C = A\hat{C}C'$ e $C\hat{C}'B = C'\hat{C}B$ e, portanto, $A\hat{C}'B = A\hat{C}B$. De acordo com o primeiro caso de congruência de triângulos (LAL), temos que $ABC = DEF$.

Indicação cultural

LAMAS, R. de C. P. **Congruência e semelhança de triângulos através de modelos.** Disponível em: <http://www.ibilce.unesp.br/Home/Departamentos/Matematica/congruencia-e-semelhanca-de-triangulos--prof-rita.pdf>. Acesso em: 17 nov. 2016.

Para compreender melhor os casos de semelhança e congruência de triângulos, leia o artigo indicado. Nele há exemplos de atividades que podem ser trabalhadas em sala de aula com os alunos.

Síntese

Exploramos neste capítulo os conceitos, definições e representações dos ângulos. Vimos a importância do estudo dos ângulos em diversas situações do cotidiano, os axiomas de medição de ângulos e a definição de ângulos suplementares e opostos pelo vértice.

Relembramos a definição de triângulo isósceles e as diversas proposições que envolvem os ângulos e os comprimentos dos lados desse triângulo. Além disso, apresentamos de que modo traçar a mediana, a bissetriz e a altura de um triângulo.

Por fim, analisamos os teoremas e os casos de congruência utilizados em muitas demonstrações geométricas, incluindo aquelas que serão descritas nos próximos capítulos deste livro.

ATIVIDADES RESOLVIDAS

1. Desenhe um triângulo ABC qualquer e, em seguida, outro triângulo DEF congruente ao primeiro. Qual caso de congruência de triângulos você utilizou?

Resolução:

Várias soluções são possíveis, entre elas a que expomos a seguir.

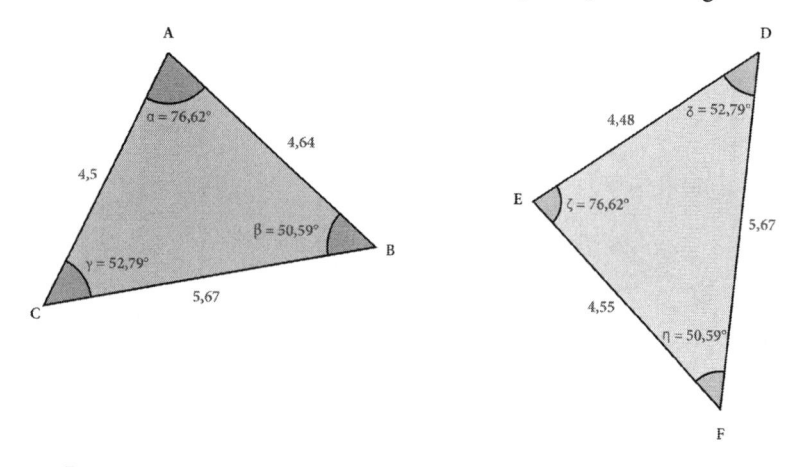

Repare que o triângulo ABC é congruente ao triângulo DEF pelo segundo caso de congruência de triângulos: ALA (ângulo-lado-ângulo).

2. No triângulo ABC a seguir, temos que os ângulos α e β são iguais. Mostre que $AC = BC$:

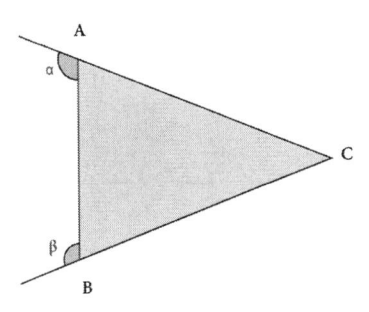

Resolução:

Pela proposição da Seção 2.4.5, se um triângulo ABC apresenta dois ângulos congruentes, então ele é isósceles. Como α e β são iguais, logo γ e σ também o são, afinal, são ângulos suplementares de α e β, respectivamente. Se o segmento AB é a base do triângulo isósceles, os segmentos AC e BC são iguais.

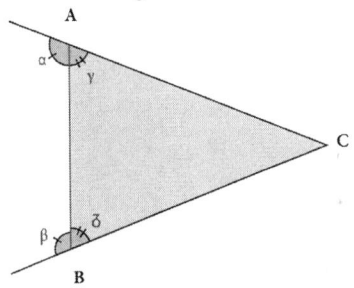

3. Dado o triângulo ABC a seguir, trace a mediana, a bissetriz e a altura relativamente ao lado BC. Em seguida, explique sua resolução:

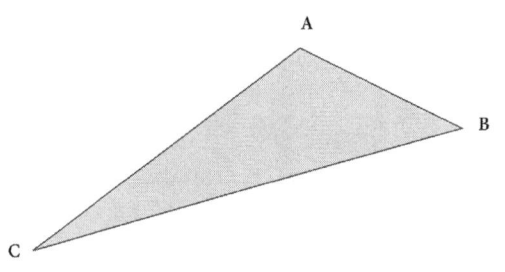

Resolução:

A mediana do triângulo ABC relativamente ao lado BC é o segmento AD, pois D é o ponto médio de BC.

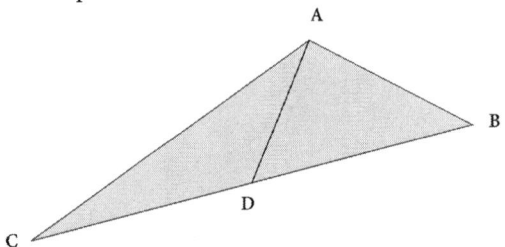

A bissetriz do triângulo ABC relativamente ao lado BC é o segmento AE, uma vez que a semirreta S_{AE} divide o ângulo $B\hat{A}C$ em dois ângulos iguais, $B\hat{A}E = E\hat{A}C$.

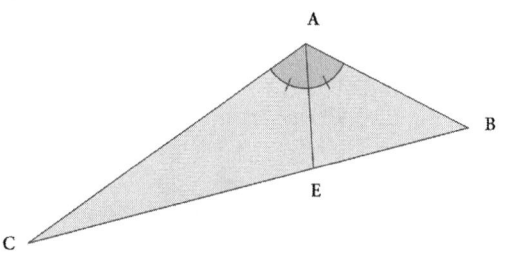

A altura do triângulo ABC relativamente ao lado BC é o segmento AF, que é perpendicular à reta que contém B e C.

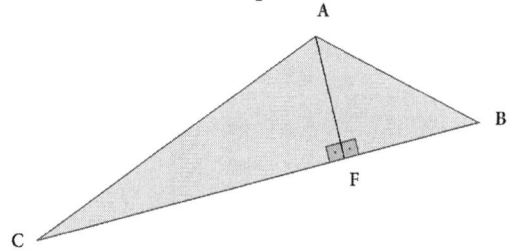

4. Sabendo que os ângulos formados pela abertura da tesoura são compostos por retas que se cruzam, quais são as medidas dos ângulos α e β indicados na figura a seguir?

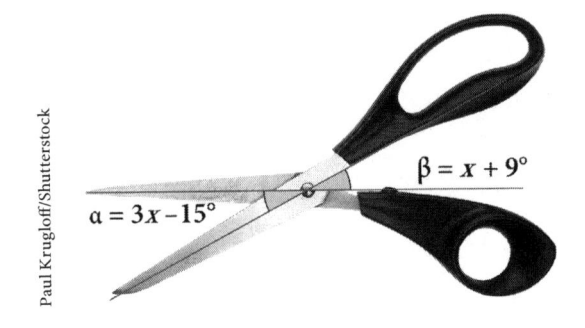

$\alpha = 3x - 15°$

$\beta = x + 9°$

Paul Kruglofʃ/Shutterstock

Resolução:

Como os ângulos são formados por retas que se cruzam, então:

$\alpha = \beta$
$3x - 15° = x + 9°$
$2x = 24°$
$x = \dfrac{24°}{2}$
$x = 12°$
$\therefore$
$\alpha = 3x - 15° = 3 \cdot 12° - 15° = 36° - 15° = 21°$
$\beta = x + 9° = 12° + 9° = 21°$

Atividades de autoavaliação

1. De acordo com a figura apresentada, a demonstração mais adequada para $A\hat{O}D = B\hat{O}C$ é:

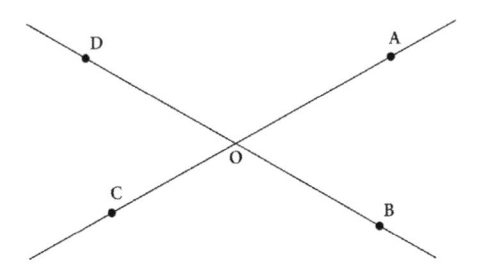

a) $\begin{cases} A\hat{O}D + A\hat{O}B = 180° \\ B\hat{O}C + A\hat{O}B = 180° \end{cases}$ $\therefore A\hat{O}D = B\hat{O}C$

b) $\begin{cases} A\hat{O}B + A\hat{O}D = 180° \\ C\hat{O}D + A\hat{O}D = 180° \end{cases}$ $\therefore A\hat{O}B = C\hat{O}D$

c) $\begin{cases} A\hat{O}D + B\hat{O}C = 180° \\ B\hat{O}C + A\hat{O}B = 180° \end{cases}$ $\therefore A\hat{O}D = B\hat{O}C$

d) $\begin{cases} A\hat{O}B + C\hat{O}D = 180° \\ C\hat{O}D + A\hat{O}C = 180° \end{cases}$ $\therefore A\hat{O}B = C\hat{O}D$

2. Observe a figura a seguir:

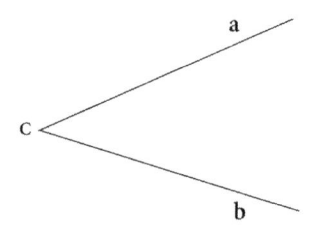

Agora, analise as afirmações a seguir e indique se são verdadeiras (V) ou falsas (F):

( ) As semirretas *a* e *b* são denominadas *lados do ângulo*.

( ) A origem *C* é comum às duas semirretas e corresponde ao vértice.

( ) O ângulo é a região do plano formada pelas duas semirretas *a* e *b*.

( ) O ângulo é a região do plano formado pelo vértice *C*, independentemente das semirretas *a* e *b*.

A sequência correta, de cima para baixo, é:

a) V, F, V, F.
b) F, V, V, F.
c) V, V, V, F.
d) V, V, V, V.

3. Os triângulos apresentados a seguir são congruentes. Qual caso define essa congruência?

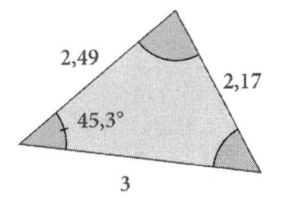

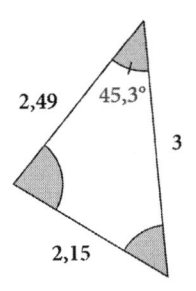

a) AAA.
b) LAL.
c) LLL.
d) ALA.

4. Nas figuras a seguir, vemos três triângulos ABC. Os segmentos AD apresentados nesses triângulos representam, respectivamente:

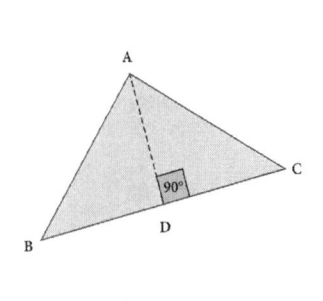

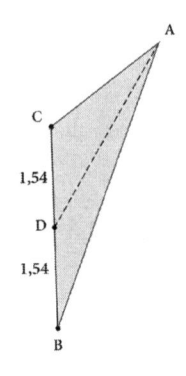

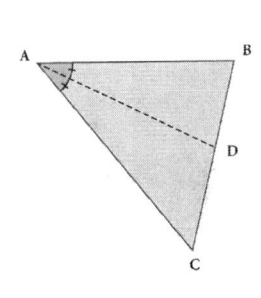

a) Mediana, bissetriz e altura.
b) Bissetriz, mediana e altura.
c) Altura, bissetriz e mediana.
d) Altura, mediana e bissetriz.

5. Leia as frases a seguir:

"Dois ângulos são ditos _____ se a sua soma resultar em um ângulo reto, ou seja, ____. Dois ângulos são ditos _____ se a sua soma resultar em um ângulo raso, isto é, ____."

Agora, assinale a alternativa que apresenta os termos que completam corretamente cada lacuna:

a) complementares; 90°; suplementares; 180°.
b) suplementares; 90°; complementares; 180°.
c) complementares; 180°; suplementares; 90°.
d) suplementares; 180°; complementares; 90°.

Atividades de aprendizagem

Questões para reflexão

1. Cite exemplos do cotidiano em que são necessários os conhecimentos de triângulos congruentes.

2. Analise a seguinte afirmação: "Se um ângulo e seu suplemento têm a mesma medida, então este ângulo é reto". Agora, justifique-a e faça um desenho que a ilustre.

Atividade aplicada: prática

Você deve conhecer ou já ouviu falar de muitos profissionais da área de construção civil que sequer terminaram os estudos, mas já realizaram grandes construções, como casas ou apartamentos. Entreviste um desses profissionais que não tenha formação específica na área e questione como ele realiza as medições necessárias para suas atividades e quais instrumentos utiliza.

Teorema do Ângulo Externo e suas Consequências

Neste capítulo, estudaremos alguns resultados obtidos por meio das propriedades dos triângulos. Nenhum axioma novo será apresentado. Por outro lado, com base na definição e diferenciação de ângulos internos e externos, veremos o teorema do ângulo externo e suas consequências.

Analisaremos também a existência de retas paralelas e o teorema da desigualdade triangular. Por fim, apresentaremos os casos de congruência dos triângulos retângulos, muito utilizados em diversas demonstrações geométricas.

Para enunciar o teorema do ângulo externo, necessitamos a definição de ângulos internos e externos e compreender suas respectivas propriedades, a fim de que possamos observar suas consequências. Iniciemos o nosso estudo com as primeiras definições.

3.1 Definição de ângulos internos e externos do triângulo

Dado um triângulo ABC, os ângulos $B\hat{A}C$, $B\hat{C}A$ e $A\hat{B}C$ são chamados de *ângulos internos* do triângulo, e os suplementos desses ângulos recebem o nome de *ângulos externos* do triângulo.

> Vale lembrar que ângulos suplementares são dois ângulos que, somados, resultam em 180°.

Observe a Figura 3.1 a seguir.

Figura 3.1 – Ângulos suplementares

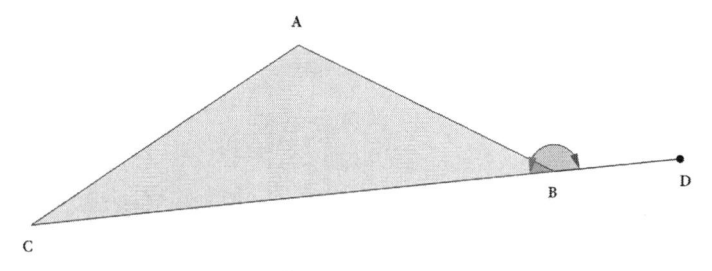

Na imagem, o ângulo $A\hat{B}D$ é suplementar ao ângulo $A\hat{B}C$. Assim, afirmamos que o ângulo $A\hat{B}D$ é um ângulo externo do triângulo ABC adjacente ao ângulo interno $A\hat{B}C$.

3.1.1 Teorema do ângulo externo

Todo ângulo externo de um triângulo mede mais que qualquer um dos ângulos internos não adjacentes a ele.

Vejamos a demonstração desse teorema. Dados um triângulo ABC e um ponto F sobre a semirreta S_{AB} tal que B esteja entre A e F. Devemos provar que $C\hat{B}F > A\hat{C}B$ e $C\hat{B}F > C\hat{A}B$, afinal, $A\hat{C}B$ e $C\hat{A}B$ são ângulos internos não adjacentes ao ângulo externo $C\hat{~}F$. Seja D o ponto médio do segmento BC e E um ponto em S_{AD} tal que $AD = DE$.

Figura 3.2 – Ilustração do teorema do ângulo externo

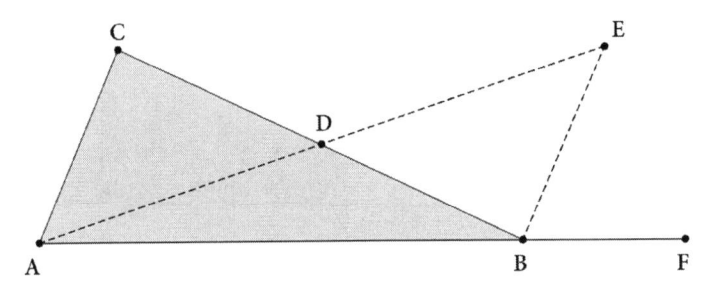

Comparando os triângulos ACD e BDE apresentados na Figura 3.2, temos que $CD = DB$, $AD = DE$ e $A\hat{D}C = B\hat{D}E$ (por serem opostos pelo vértice). Assim, por congruência de triângulos LAL (lado-ângulo-lado), podemos afirmar que $ACD = BDE$. Consequentemente, $A\hat{C}B = D\hat{B}E = C\hat{B}E$.

Como $C\hat{B}F = C\hat{B}E + E\hat{B}F$ ou $C\hat{B}F = A\hat{C}B + E\hat{B}F$, temos que $C\hat{B}F > A\hat{C}B$. De maneira análoga, temos que $C\hat{B}F > C\hat{A}B$.

3.1.2 Proposição

A soma das medidas de quaisquer dois ângulos internos de um triângulo é menor que 180°.

Vejamos. Seja um triângulo ABC e α a medida do ângulo externo do triângulo ABC, adjacente ao ângulo $\hat{C}$, conforme detalha a Figura 3.3. Vamos mostrar, por exemplo, que $\hat{A} + \hat{C} < 180°$. Pelo teorema do ângulo externo, temos que $\hat{A} < α$. Como $\hat{C}$ e α são suplementares, então $\hat{C} + α = 180°$. Assim, $A + \hat{C} < α + \hat{C}$, ou seja, $A + \hat{C} = 180°$.

Figura 3.3 – Ilustração da proposição da Seção 3.1.2

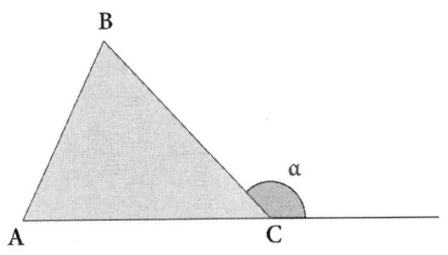

De maneira análoga, provamos que $\hat{A} + \hat{B} < 180°$ ou $\hat{B} + \hat{C} < 180°$.

3.1.3 Corolário

Em todo triângulo há, pelo menos, dois ângulos internos agudos (menores que 90°).

Se um triângulo tivesse dois ângulos internos não agudos, então a soma deles seria maior ou igual a 180°, contrariando a proposição anterior que diz que a soma das medidas de quaisquer dois ângulos internos de um triângulo é menor que 180°.

3.1.4 Corolário

Se duas retas distintas r e s são perpendiculares a uma terceira, então elas não se interceptam.

Ora, se essas retas se interceptassem, formariam um triângulo com dois ângulos retos, como mostra a Figura 3.4. Esse é um fato absurdo de corolário anterior, segundo o qual em todo triângulo há, pelo menos, dois ângulos internos agudos.

Figura 3.4 – Ilustração do corolário da Seção 3.1.4

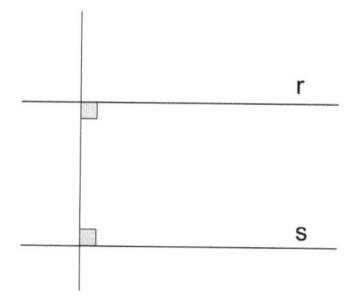

Como consequência desse corolário, temos a definição a seguir.

3.1.5 Definição de retas paralelas

Se duas retas não se interceptam, então elas são paralelas.

As Figuras 3.5 e 3.6 apresentam dois exemplos de retas paralelas.

Figura 3.5 – Retas paralelas

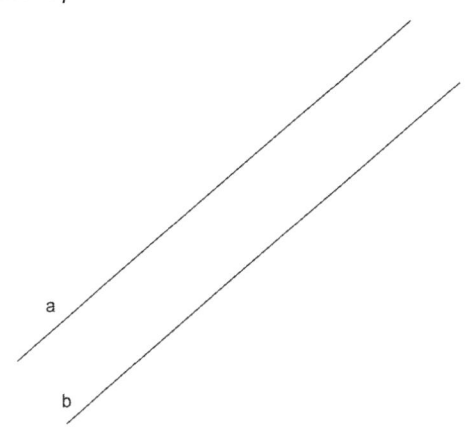

a
b

Figura 3.6 – Retas paralelas

c
d

Retas paralelas se encontram no infinito?

Considerando o infinito uma abstração, e não apenas um número, a matemática moderna prova, por meio do cálculo diferencial e integral, que retas paralelas se encontram no infinito.

A demonstração geométrica para tal fato pode ser verificada em:

ALMEIDA, P. **Provando que retas paralelas se encontram no infinito.** 25 abr. 2011. Disponível em: <http://radiacaodefundo.haaan.com/2011/04/25/provando-que-retas-paralelas-se-encontram-no-infinito/>. Acesso em: 17 nov. 2016.

3.1.6 Proposição

Por um ponto não pertencente a uma reta, passa somente uma reta perpendicular à reta dada.

A Figura 3.7 exemplifica essa proposição. Quando dados uma reta r e um ponto C, verificamos que a única reta que passa por C e é perpendicular à reta r é a reta s.

Figura 3.7 – Ilustração da proposição da Seção 3.1.6

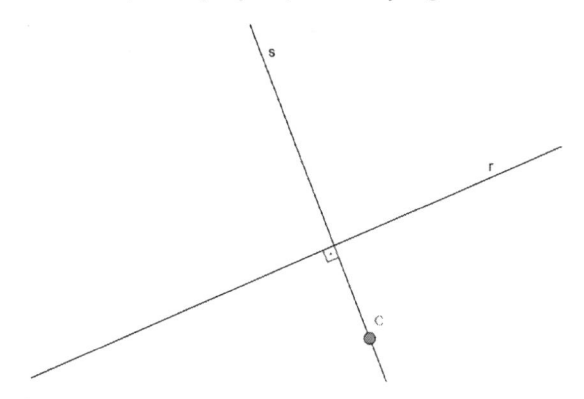

Para demonstrar essa proposição, primeiramente provaremos a existência dela. Tomemos como base a Figura 3.8.

Figura 3.8 – Ilustração da proposição da Seção 3.1.6

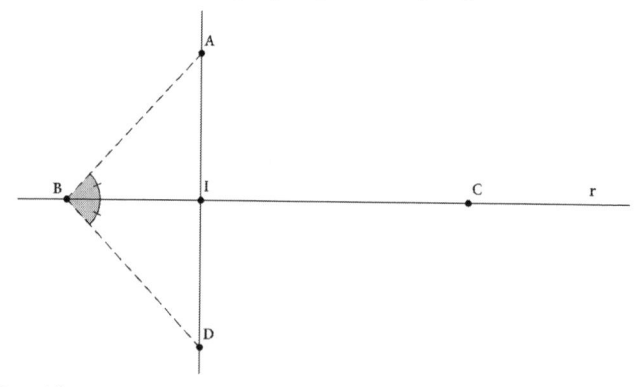

Consideremos r uma reta, A um ponto fora dessa reta e B e C pontos distintos sobre r. Traçando o segmento AB, pode ocorrer de AB ser perpendicular a r, finalizando a construção. Caso contrário, consideremos uma semirreta com vértice B, no semiplano que não contém A, que forme com S_{BC} um ângulo congruente a $A\hat{B}C$. Nessa semirreta, marcamos um ponto D, tal que $BD = BA$.

Por construção, o triângulo ABD é isósceles e $\hat{A} = \hat{D}$. Se I denota o ponto de interseção das retas r e AD, concluímos, pelo caso ALA, que os triângulos ABI e BID são congruentes. Nesse caso, $A\hat{I}B = B\hat{I}D$, e, como esses ângulos são suplementares, temos que $A\hat{I}B = B\hat{I}D = 90°$. Assim, a reta AD é perpendicular à reta r.

Quanto à unicidade, caso existissem duas retas distintas passando por A e ambas fossem perpendiculares à reta r, seria formado um triângulo com dois ângulos retos, fato absurdo pelo corolário da Seção 3.1.4 e de acordo com o que mostra a Figura 3.9.

Figura 3.9 – Ilustração do corolário da Seção 3.1.4

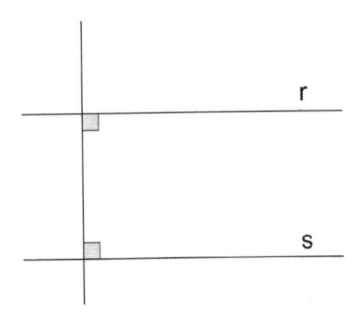

Ainda analisando a Figura 3.8, temos que o ponto D obtido com base em A e r é chamado de *reflexo* do ponto A relativamente à reta r. O reflexo apresenta as seguintes características:

- AD é perpendicular a r;
- r contém o ponto médio de AD.

A função Fr, que associa cada ponto do plano ao seu reflexo relativamente a uma reta r fixada, é chamada *reflexão* e apresenta propriedades específicas, quais sejam:

- $F_r(F_r(A)) = A$, $\forall$ ponto A (o símbolo matemático $\forall$ significa "para todo");
- $F_r(A) = A$ se, e somente se, A é ponto da reta r;

- $\overline{F_r(A)F_r(B)} = \overline{AB}$, isto é, a função F_r mantém a distância entre os pontos do plano;

- se $A \in r$, $B \notin r$ e $B' = F_r(B)$ então r é a bissetriz do ângulo $B\hat{A}B'$.

Dados uma reta r e um ponto $A \notin r$, a reta perpendicular a r que contém A intercepta r em um ponto P chamado *pé da perpendicular* baixada do ponto A à reta r. Dado qualquer outro ponto de r, como o ponto B, o segmento AB é chamado *oblíquo* em relação a r. Já o segmento BP é uma projeção do segmento BA sobre a reta r, como mostra a Figura 3.10.

Figura 3.10 – *Segmentos sobre a reta* r

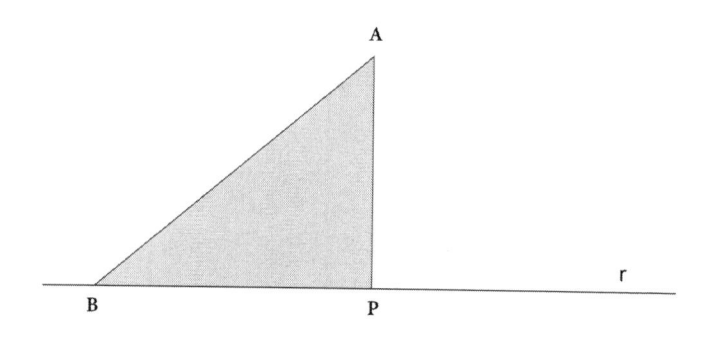

Agora, imagine um triângulo ABC. Dizemos que o ângulo $\hat{A}$ é oposto ao lado BC ou que o lado BC é oposto ao ângulo $\hat{A}$ (Figura 3.11).

Figura 3.11 – *Triângulo* ABC

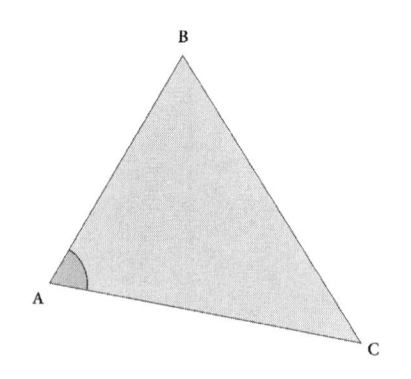

> **Saiba mais**
>
> As noções de paralelismo e perpendicularismo são frequentemente utilizadas no cotidiano das indústrias. Realizando as medições devidas, é possível aumentar a vida útil de máquinas e melhorar a qualidade da produção.

3.1.7 Proposição

Em um triângulo com dois lados não congruentes, os ângulos opostos não são iguais, e o maior ângulo é oposto ao maior lado.

No exemplo da Figura 3.12, o maior ângulo é $\hat{C}$, que é oposto ao lado AB, o qual, por sua vez, é maior que AC ou BC.

Figura 3.12 – Triângulo ABC

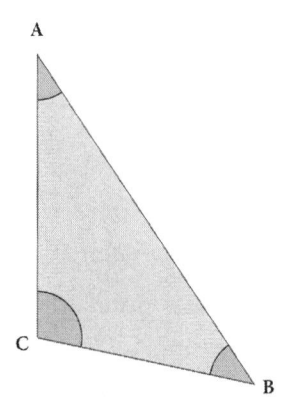

Vamos à demonstração. Considere um triângulo ABC com $\overline{AB} \neq \overline{AC}$. Queremos provar que $\hat{B} \neq \hat{C}$. Se $\hat{B} = \hat{C}$, teríamos um triângulo isósceles com base BC e $\overline{AB} = \overline{AC}$, o que seria um absurdo, pois, por hipótese, $\overline{AB} \neq \overline{AC}$.

Para provar que o maior ângulo é oposto ao maior lado, vamos considerar um triângulo ABC, tal que $\overline{AB} < \overline{AC}$, conforme exemplo da Figura 3.13, e mostrar que $A\hat{C}B < A\hat{B}C$. Inicialmente, marcamos um ponto D sobre a semirreta S_{AC}, tal que $\overline{AB} = \overline{AD}$. Como $\overline{AB} < \overline{AC}$, então esse ponto D pertence ao segmento AC e, consequentemente, a semirreta S_{BD} divide o ângulo $A\hat{B}C$.

Assim, $A\hat{B}C > A\hat{B}D$.

Como o triângulo ABD é isósceles, temos que $A\hat{B}D > A\hat{D}B$.

Observe que $A\hat{D}B$ é o ângulo externo de $C\hat{D}A$, logo $A\hat{D}B > A\hat{C}B$. Portanto, $A\hat{B}C > A\hat{C}B$, como queríamos demonstrar, ou seja, o maior ângulo do triângulo ABC é $\hat{B}$, sendo esse ângulo oposto ao maior lado do triângulo, o segmento AC.

Figura 3.13 – *Triângulo* ABC *com* $\overline{AB} < \overline{AC}$

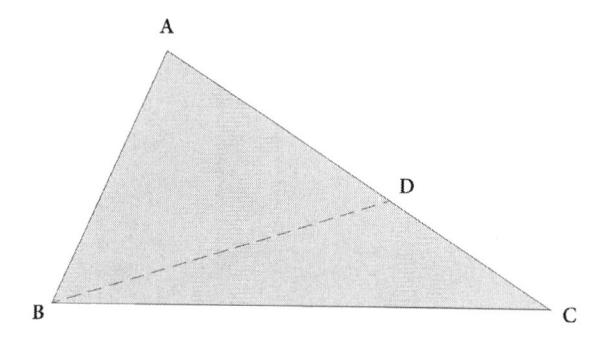

3.1.8 Proposição

Dado um triângulo com dois ângulos não congruentes, então os lados opostos a esses ângulos têm medidas distintas, e o maior lado é oposto ao maior ângulo.

Essa proposição é a recíproca da proposição da Seção 3.1.7.

Vejamos a demonstração. Seja ABC um triângulo com $\hat{B} \neq \hat{C}$. Na primeira parte da proposição, queremos provar que $\overline{AB} \neq \overline{AC}$. Utilizando a demonstração por redução ao absurdo, e supondo que $\overline{AB} = \overline{AC}$, teríamos um triângulo isósceles com base BC, portanto $\hat{B} = \hat{C}$, o que é absurdo, pois, por hipótese, $\hat{B} \neq \hat{C}$.

Para a segunda parte da proposição, vamos considerar um triângulo ABC, em que $\hat{B} < \hat{C}$, e mostrar que $\overline{AC} < \overline{AB}$ (Figura 3.14). Observe que existem três opções: $\overline{AC} < \overline{AB}$, $\overline{AC} > \overline{AB}$ e $\overline{AB} = \overline{AC}$.

Figura 3.14 – Triângulo ABC

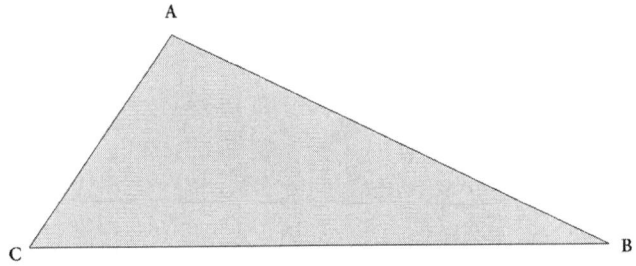

No caso em que $\overline{AC} > \overline{AB}$, deveria ocorrer $\hat{B} > \hat{C}$, contrariando a hipótese $\hat{B} < \hat{C}$. Já no caso em que $\overline{AB} = \overline{AC}$, teríamos um triângulo isósceles com base BC e $\hat{B} = \hat{C}$, hipótese também contrária de que $\hat{B} < \hat{C}$. Logo, deve ocorrer $\overline{AC} < \overline{AB}$, como queríamos.

3.1.9 TEOREMA

Em todo triângulo, a soma dos comprimentos de dois lados quaisquer é sempre maior que o comprimento do terceiro lado.

Dado um triângulo ABC, conforme a Figura 3.15, provaremos, por exemplo, que $BC + AC > AB$. Para isso, considere um ponto D na semirreta S_{BC}, tal que $\overline{BD} = \overline{BC} + \overline{AC}$, isto é, $\overline{AC} = \overline{CD}$. Portanto, o triângulo ACD é isósceles, com base AD.

Figura 3.15 – Ilustração da demonstração do teorema da Seção 3.1.9

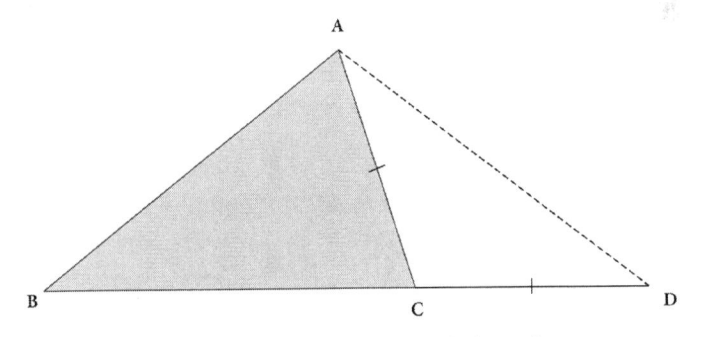

Como C está entre B e D, temos que $B\hat{A}D > C\hat{A}D$. Logo, no triângulo ABD, $B\hat{A}C > A\hat{D}B$, e, pela proposição da Seção 3.1.9, segue-se que $\overline{BD} > \overline{AB}$. Como $\overline{BD} = \overline{BC} + \overline{AC}$, então $BC + AC > AB$.

A prova de que AB + AC > BC, ou que AB + BC > AC, pode ser realizada de maneira análoga.

3.2 Teorema da desigualdade triangular

Dados quaisquer três pontos do plano (A, B e C), temos que $\overline{AB} + \overline{BC} \geq \overline{AC}$ (Figura 3.16). A igualdade ocorre se, e somente se, B for pertencente ao segmento AC (Figura 3.17).

Figura 3.16 – Pontos A, B e C

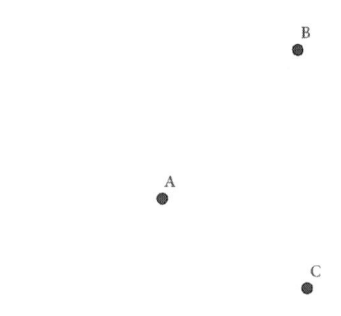

Figura 3.17 – Ponto B pertencente ao segmento AC.

Se A, B e C são pontos não colineares, então eles determinam um triângulo, e, de acordo com o teorema da Seção 3.1.9, em todo triângulo, a soma dos comprimentos de dois lados quaisquer é sempre maior que o comprimento do terceiro lado.

Vamos supor, agora, que $\overline{AB} + \overline{BC} = \overline{AC}$. Sendo a, b e c as coordenadas dos pontos A, B e C, respectivamente, temos:

$$|a - b| + |b-c| = |a - c|$$

Assim, b está entre a e c. O resultado é uma consequência do teorema da Seção 1.5.2: "Sejam A, B e C pontos de uma reta e os números a, b e c suas respectivas coordenadas. O ponto C está entre A e B se, e somente se, o número c está entre os números a e b".

A desigualdade triangular fornece a única restrição para a construção de triângulos com comprimentos de lados determinados. Por exemplo: de acordo com essa desigualdade, é impossível construir um triângulo de lados 4, 5 e 10, pois 4 + 5 = 9, e 9 é menor que 10. Veja a impossibilidade desse exemplo representada na Figura 3.18.

Figura 3.18 – Segmentos impossíveis para construção de um triângulo

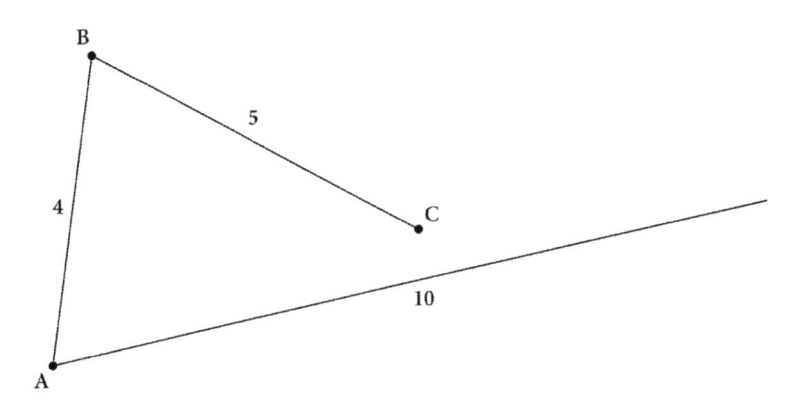

3.2.1 Proposição

Se a, b e c são três números positivos, tais que $c \geq a$, b e $c < a + b$, então podemos construir um triângulo cujos lados medem a, b e c.

Essa proposição pode ser verificada por meio de um desenho, como o da Figura 3.19. Inicialmente, traçamos uma reta e, sobre ela, marcamos dois pontos A e B, tais que $\overline{AB} = c$. Utilizando um compasso, definimos um círculo de centro A e raio B e outro círculo de centro B e raio a. Como $c < a + b$, os dois círculos se interceptam. Chamando quaisquer dos pontos de *interseção de* C, teremos o triângulo ABC com lados medindo a, b e c, como desejado.

Figura 3.19 – Ilustração da proposição da Seção 3.2.1

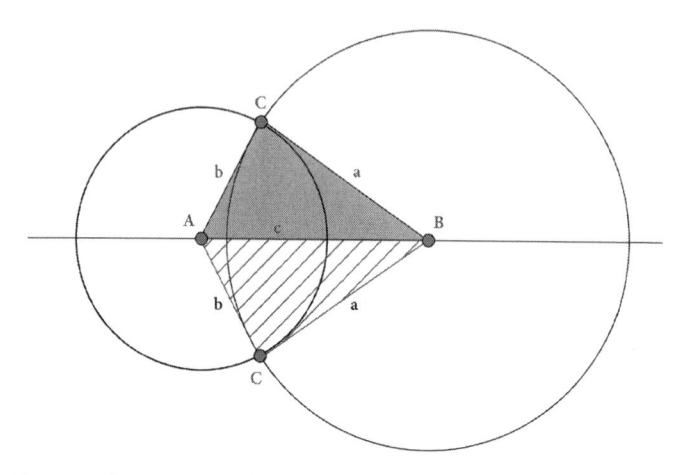

O exemplo apresentado a seguir é uma aplicação simples da desigualdade triangular.

Dados dois pontos A e B não pertencentes a uma reta r, determine um ponto P sobre a reta r, de modo que $\overline{AP} + \overline{BP}$ seja o menor possível.

Para resolver essa questão, vamos considerar dois casos:

I. **A e B estão em semiplanos opostos em relação à reta r.**

Nesse caso, o segmento AB intercepta a reta r em um ponto P. Esse ponto é a solução do problema apresentado. De fato, sendo P' qualquer ponto de r, temos, pela desigualdade triangular, que $\overline{AP'} + \overline{BP'} \geq \overline{AB}$, ocorrendo a igualdade se, e somente se, $P = P'$. A Figura 3.20 ilustra essa demonstração.

Figura 3.20 – Aplicação da desigualdade triangular

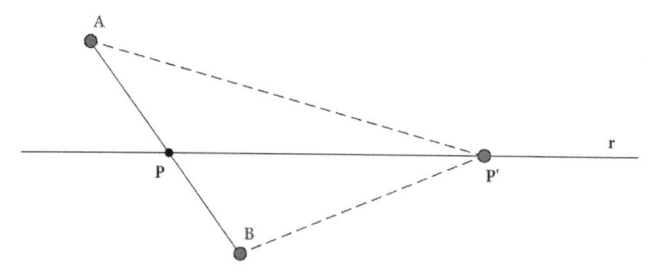

II. **A e B estão em um mesmo semiplano em relação à reta r.**

Nesse caso, sejam Q o ponto de interseção da reta r, com sua perpendicular que passa pelo ponto B, e B' o reflexo do ponto B em relação à reta r, ou seja, $\overline{BQ} = \overline{QB'}$. Considerando qualquer $P' \in r$, teremos $AP' + P'B = AP' = P'B'$.

Assim, como no caso anterior, o ponto P sobre a reta r, de modo que $\overline{AP} + \overline{BP}$ seja o menor possível, será aquele obtido pela interseção do segmento AB' com a reta r, isto é, o ponto P, conforme exemplifica a Figura 3.21 a seguir.

Figura 3.21 – A e B representados em um mesmo semiplano em relação à reta r

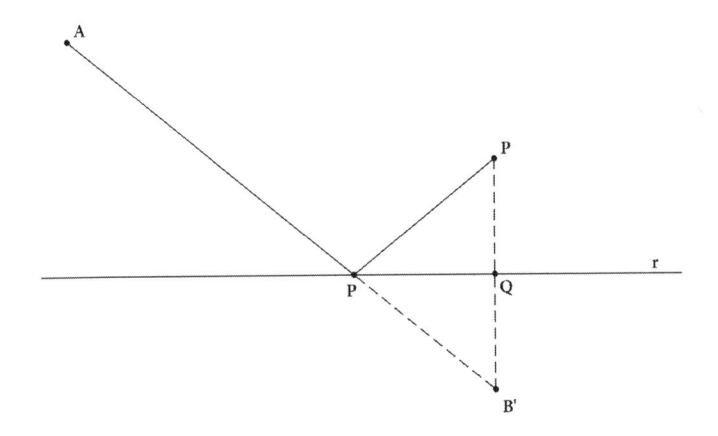

3.3 Congruência de triângulos retângulos

Antes de estudarmos os casos de congruência de triângulos retângulos, vamos conhecer sua definição e características, considerando seus elementos e particularidades.

3.3.1 Definição

Um triângulo que tem um ângulo reto é denominado *triângulo retângulo*. O lado oposto ao ângulo reto recebe o nome de *hipotenusa* e os outros dois lados são chamados *catetos*.

Anteriormente, vimos que o maior lado de um triângulo é o lado oposto ao maior ângulo, e pelo corolário da Seção 3.1.3, em todo triângulo há, pelo menos, dois ângulos internos agudos (menores que 90°). Logo, é uma consequência que a hipotenusa seja o lado maior do triângulo retângulo.

No entanto, pela desigualdade triangular, o comprimento da hipotenusa é menor que a soma do comprimento dos dois catetos. A Figura 3.22 mostra um exemplo de triângulo retângulo cujo ângulo reto está em A.

Figura 3.22 – Triângulo reto

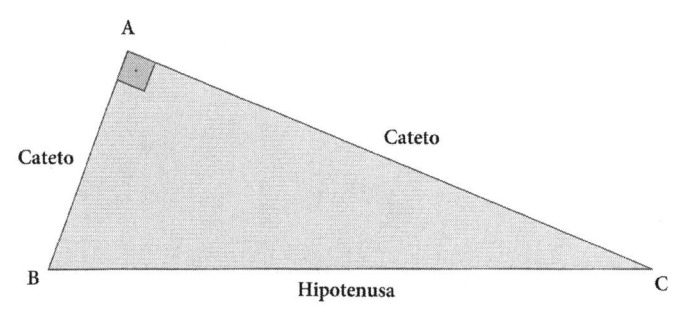

Para que dois triângulos retângulos sejam congruentes, os ângulos retos devem, obrigatoriamente, corresponder-se. Por isso, além dos casos de congruência de triângulos já estudados, veremos três casos específicos para a congruência de triângulos retângulos.

3.3.2 Teorema da congruência de triângulos retângulos

Observe os dois triângulos retângulos ABC e DEF apresentados na Figura 3.23, cujos ângulos retos são, respectivamente, $\hat{A}$ e $\hat{D}$.

Figura 3.23 – Triângulos retângulos

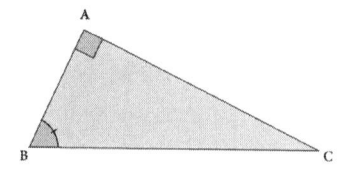

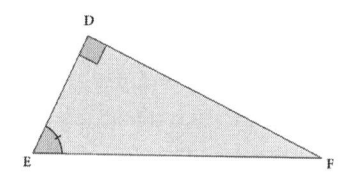

Tais triângulos retângulos serão congruentes se ocorrer alguma das seguintes condições:

$AC = DF$ e $\hat{B} = \hat{E}$;

$BC = EF$ e $AC = DF$;

$BC = EF$ e $\hat{B} = \hat{E}$.

Essas condições podem ser identificadas como igualdade entre:

- cateto e ângulo oposto;
- hipotenusa e cateto;
- hipotenusa e ângulo agudo.

Para demonstrar o caso (I), temos as hipóteses:

$\hat{A} = \hat{D}$ (ângulo reto) $AC = DF$ (cateto/lado) e

$\hat{B} = \hat{E}$ (ângulo oposto ao cateto AC e DF)

Apesar de termos informações sobre dois ângulos e um lado, não aplicaremos o segundo caso de congruência ALA.

Vamos, inicialmente, considerar G um ponto sobre a semirreta S_{AB}, de modo que $AG = DE$ (Figura 3.24). Assim sendo, os triângulos AGC e DEF são congruentes pelo primeiro caso de congruência de triângulos (LAL).

Figura 3.24 – Triângulos congruentes

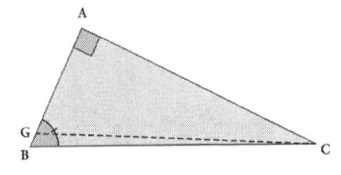

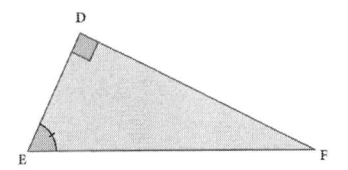

Como consequência dessa congruência, temos que $A\hat{G}C = \hat{E}$. Essa igualdade ocorre se, e somente se, $A\hat{G}C = \hat{E} = \hat{B}$ (hipótese).

Assim, concluímos que $A\hat{G}C = A\hat{B}C$, ou seja, G e B coincidem. Logo, $ABC = AGC$, e, como AGC e DEF são congruentes, está provado que $ABC = DEF$.

As demonstrações dos casos (II) e (III) podem ser realizadas de maneira semelhante.

Síntese

Iniciamos este capítulo com a definição de ângulos internos e externos de um triângulo para apresentar o teorema do ângulo externo, segundo o qual todo ângulo externo de um triângulo mede mais que qualquer um dos ângulos internos não adjacentes a ele.

Vimos que uma das consequências desse teorema é que a soma das medidas de quaisquer dois ângulos internos de um triângulo é menor que 180°. Essa proposição tem suas consequências, todas apresentadas neste capítulo.

Além disso, estudamos o perpendicularismo e paralelismo de retas, tão utilizados na geometria.

Vimos também o teorema da desigualdade triangular, que fornece a única restrição para a construção de triângulos com comprimentos de lados determinados. Por fim, estudamos os elementos e as particularidades dos triângulos retângulos, para analisarmos os casos de congruência.

Atividades resolvidas

1. Dados os triângulos a seguir, demonstre que $C\hat{B}F > C\hat{A}B$.

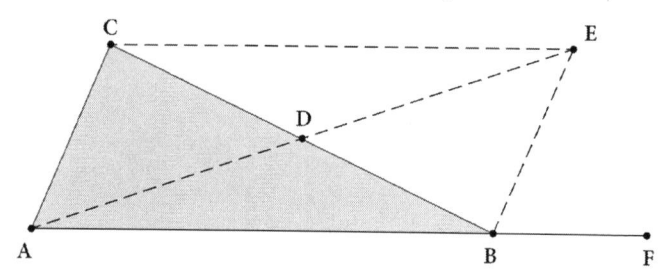

Resolução:

Comparando os triângulos CDE e ABD, temos que $CD = DB$, $AD = DE$ e $A\hat{D}B = C\hat{D}E$, (por serem opostos pelo vértice). Assim, por congruência de triângulos LAL (lado-ângulo-lado), podemos afirmar que $ABD = CDE$. Consequentemente, $C\hat{A}B = B\hat{E}C = E\hat{B}F$. Como $C\hat{B}F = C\hat{B}E + E\hat{B}F$ ou $C\hat{B}F = C\hat{B}E + C\hat{A}B$, temos que $C\hat{B}F > C\hat{A}B$.

2. É possível construir um triângulo com 20 cm, 27 cm e 50 cm?

Resolução:

É impossível. Vimos no teorema da Seção 3.1.9 que, em todo triângulo, a soma dos comprimentos de dois lados quaisquer é sempre maior que o comprimento do terceiro lado. Observe que $20 + 27 = 47 < 50$.

3. Para que valores de x os comprimentos 13, 24 e x são lados de um triângulo?

Resolução:

A condição de existência de um triângulo é que a soma dos comprimentos de dois lados quaisquer seja sempre maior que o comprimento do terceiro lado.

Então:

(I)	(II)	(III)
$13 + 24 > x$	$13 + x > 24$	$24 + x > 13$
$37 > x$	$x > 24 - 13$	$x > 13 - 24$
$x < 37$	$x > 11$	$x > -11$

Analisando as resoluções I, II e III, temos:

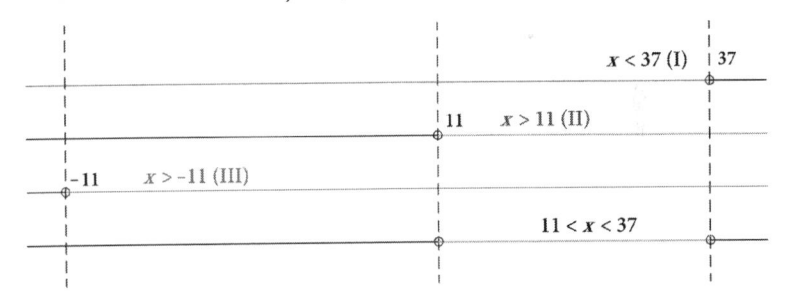

$x < 37$ (I) | 37

11 $x > 11$ (II)

-11 $x > -11$ (III)

$11 < x < 37$

A solução é $11 < x < 37$, $\forall x \in R$

4. Mostre que qualquer triângulo retângulo tem dois ângulos externos obtusos.

Resolução:

Considere o triângulo ABC, conforme figura a seguir, com ângulo reto em A.

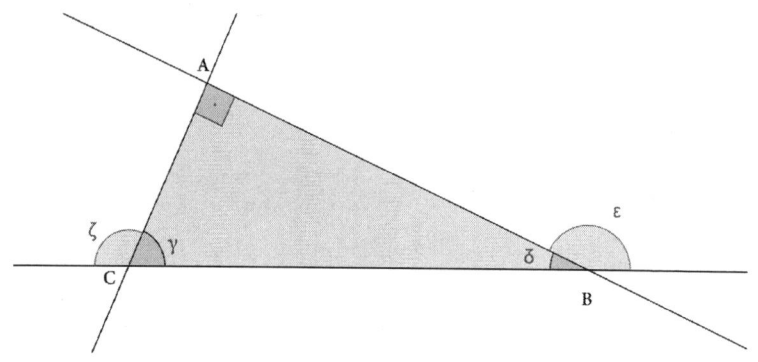

Na proposição da Seção 3.1.2 apresentada neste capítulo, vimos que a soma das medidas de quaisquer dois ângulos internos de um triângulo é menor que $180°$. Assim, os outros dois ângulos $\hat{B}$ e $\hat{C}$ são agudos, e a sua soma deve ser menor que $90°$. Na figura, os ângulos internos são representados pelas letras gregas σ e γ.

Já no teorema do ângulo externo, temos que todo ângulo externo de um triângulo mede mais do que qualquer um dos ângulos internos não adjacentes a ele. Os ângulos externos estão representados por ε e ζ na figura apresentada.

Logo, existem dois ângulos externos obtusos que são suplementares aos ângulos internos (agudos).

5. As figuras a seguir representam uma trave de futebol americano, em que $\alpha = \beta$ e $\alpha + \beta = 180°$. Podemos afirmar que as retas r e s são paralelas? Justifique sua resposta.

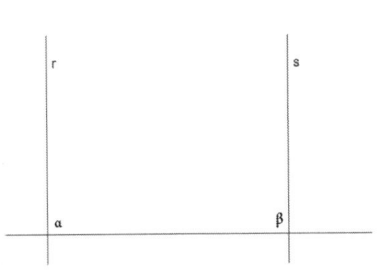

Resolução:

Com a informação de que $\alpha = \beta$ e $\alpha + \beta = 180°$, podemos montar o seguinte sistema de equações:

$$\begin{cases} \alpha = \beta \ (I) \\ \alpha + \beta = 180° \ (II) \end{cases}$$

Substituindo (I) em (II):
$\beta + \beta = 180°$
$2\beta = 180°$
$\beta = 90°$ (III)

Substituindo (III) em (II):
$\alpha + 90° = 180°$
$\alpha = 180° - 90°$
$\alpha = 90°$

A conclusão é que se duas retas distintas r e s são perpendiculares a uma terceira, então elas não se interceptam; se duas retas não se interceptam, significa que são paralelas.

Atividades de autoavaliação

1. Para que valores de x os comprimentos 12, 15 e x são lados de um triângulo?

   a) $3 < x < 27$.
   b) $3 \leq x \leq 27$.
   c) $2 < x < 28$.
   d) $2 \leq x \leq 28$.

2. Observando o triângulo a seguir, é possível afirmar que:

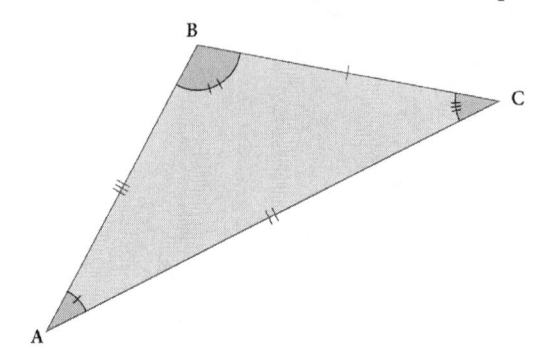

a) Um triângulo com dois ângulos não congruentes apresenta lados adjacentes a esses ângulos também com medidas distintas, e o menor lado é oposto ao maior ângulo.

b) Um triângulo com dois ângulos não congruentes apresenta lados opostos a esses ângulos com medidas congruentes, e o maior lado é oposto ao menor ângulo.

c) Um triângulo com dois ângulos não congruentes apresenta lados opostos a esses ângulos com medidas congruentes, e o maior lado é oposto ao maior ângulo.

d) Um triângulo com dois ângulos não congruentes apresenta lados opostos a esses ângulos também com medidas distintas, e o maior lado é oposto ao maior ângulo.

3. Indique se as afirmativas a seguir são verdadeiras (V) ou falsas (F):

( ) Dados quaisquer três pontos do plano (A, B e C), temos que $\overline{AB} + \overline{BC} \geq \overline{AC}$. A igualdade ocorre se, e somente se, B não pertence ao segmento AC.

( ) Se a, b e c são três números positivos, tais que $c \geq a$, b e $c < a + b$, então podemos construir um triângulo cujos lados medem a, b e c.

( ) Se duas retas distintas r e s são perpendiculares a uma terceira, então elas não se interceptam.

( ) Se duas retas não se interceptam, então elas são paralelas.

( ) Por um ponto não pertencente a uma reta passa somente uma reta perpendicular à reta dada.

A sequência correta, de cima para baixo, é:

a) V, V, V, V, V.
b) F, V, V, V, V.
c) F, V, F, V, F.
d) F, V, F, V, V.

4. Dado o triângulo ABC a seguir, podemos afirmar que:

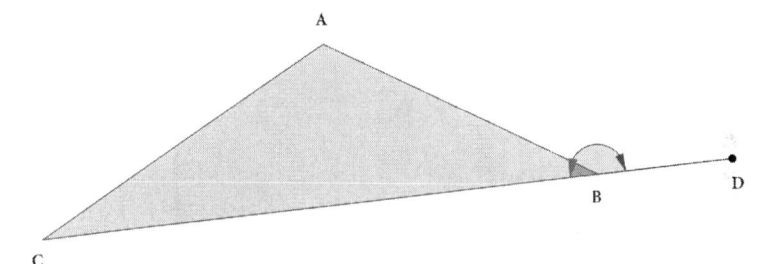

I. Os ângulos $B\hat{A}C$, $B\hat{C}A$, $A\hat{B}C$ são chamados de *ângulos internos* do triângulo.

II. Os suplementos desses ângulos recebem o nome de *ângulos externos* do triângulo.

III. Ângulos suplementares são dois ângulos que somados resultam em 180°.

IV. O ângulo $A\hat{B}D$ é um ângulo externo desse triângulo e é o suplemento de $A\hat{B}C$.

Estão corretas as afirmativas:

a) I e II.
b) II e IV.
c) II, III e IV.
d) I, II, III e IV.

5. Qual é o ângulo complementar ao ângulo α indicado na estrela a seguir?

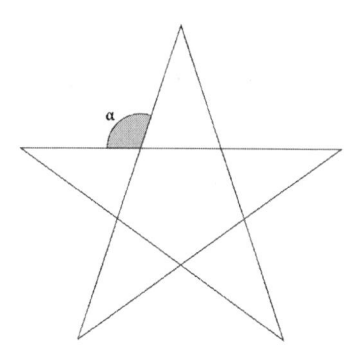

a) 108°.
b) 72°.
c) 18°.
d) Impossível determinar.

ATIVIDADES DE APRENDIZAGEM

Questões para reflexão

1. Quando em um triângulo ocorre de uma altura e uma bissetriz serem coincidentes, tem-se que esse triângulo é isósceles. Justifique essa afirmação.

2. Analise e justifique a afirmação: "Dada uma reta r perpendicular às retas s e t, é fato que as retas s e t não se cruzam".

Atividade aplicada: prática

Demonstre que em qualquer triângulo equilátero as três medianas são congruentes.

Paralelismo, triângulos e paralelogramos

Os casos de paralelismo estão presentes em muitas situações do cotidiano, tanto na simples menção, por vezes incorreta, de ruas paralelas como nas medições quase perfeitas de máquinas e peças industriais.

Neste capítulo pretendemos apresentar definições, axiomas e teoremas que envolvem as retas paralelas. Também descreveremos os ângulos internos e externos de triângulos e quadriláteros, assim como os elementos e características dos paralelogramos.

Além disso, estudaremos o conhecido **teorema de Tales**, tão utilizado nas demonstrações geométricas e em situações e problemas do cotidiano.

Iniciemos o nosso estudo com o axioma das paralelas.

4.1 Axioma das paralelas

Anteriormente, estudamos as retas paralelas. Neste capítulo, veremos suas condições de existência e determinados métodos para desenhá-las.

Axioma XIII

Por um ponto não pertencente a uma reta r, é possível traçar uma única reta paralela à reta r.

Na Figura 4.1, dado um ponto C não pertencente à reta r, existe uma única reta que contém C e é paralela à reta r, que nesse exemplo é a reta s.

Figura 4.1 – Retas r e s

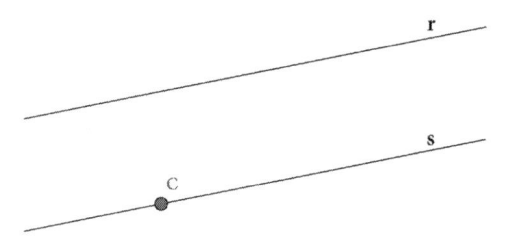

4.1.1 Proposição

Dadas três retas r, s e t, não coincidentes, tem-se que, se r é paralela a s e s é paralela a t, então r é paralela a t.

Outra maneira de enunciar essa proposição é: "Se a reta r é paralela às retas s e t, então s e t são paralelas ou coincidentes".

Isso significa que o paralelismo de retas satisfaz à propriedade da **transitividade**. A Figura 4.2 exemplifica essa proposição.

Figura 4.2 – Retas paralelas

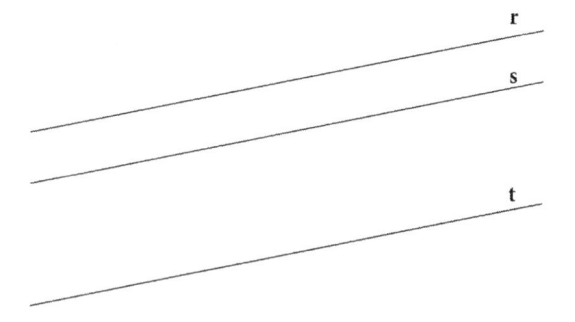

Vejamos a demonstração. Temos por hipótese que *r* é paralela a *s* e *s* é paralela a *t*. Vamos supor que *r* e *t* não sejam paralelas. Assim, elas se interceptam em um ponto *P* e, como consequência, temos duas retas passando por um mesmo ponto *P*, ambas paralelas à reta *s*. Isso é considerado um absurdo pelo axioma XIII, segundo o qual por um ponto não pertencente a uma reta *r* é possível traçar uma única reta paralela à reta *r*. Logo, *r* e *t* são paralelas.

4.1.2 COROLÁRIO

Se uma reta intercepta uma de duas retas paralelas, então ela intercepta também a outra.

Na Figura 4.3, dada uma reta *t* que intercepta a reta *r*, então ela intercepta também a reta *s*.

Figura 4.3 – *Reta* t *transversal às retas* r *e* s

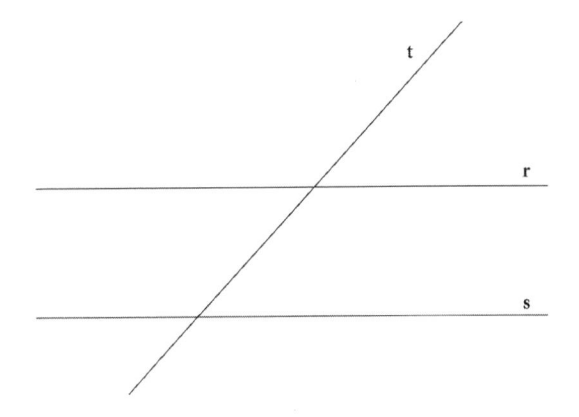

Sejam *r* e *s* duas retas paralelas. Se uma reta *t* interceptasse a reta *r* e não interceptasse a reta *s*, então *t* e *s* seriam paralelas. Assim, *s* seria paralela a *t* e a *r* (hipótese). Como *t* e *r* não são paralelas entre si ou coincidentes, temos uma contradição com a proposição da Seção 4.1.1. Logo, a reta *t* intercepta também a reta *s*.

4.1.3 Proposição

Sejam as retas r e s, como mostra a Figura 4.4. Se $\alpha = \beta$, então as retas r e s são paralelas.

Figura 4.4 – Ilustração da proposição da Seção 4.1.3 (A)

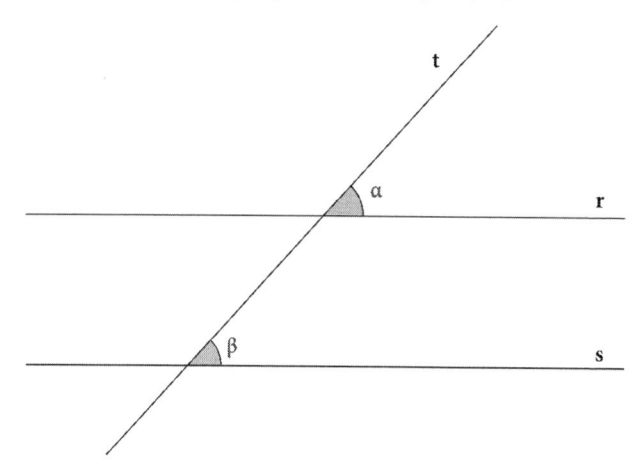

Observe, agora, a Figura 4.5. Sejam A o ponto de interseção entre as retas t e r e B o ponto de interseção entre as retas t e s.

Figura 4.5 – Ilustração da proposição da Seção 4.1.3 (B)

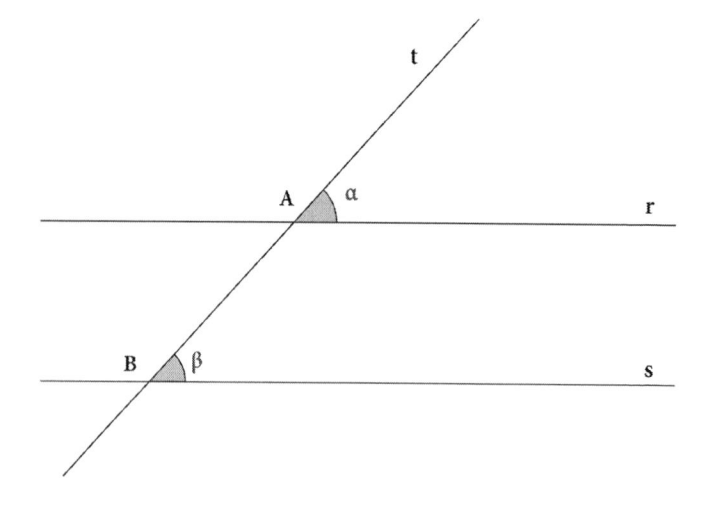

Supondo que r intercepte s em algum ponto P, seria formado, então, um triângulo ABP, como na Figura 4.6. Nesse triângulo, α é um ângulo externo e β é um ângulo interno não adjacente a α, e vice-versa.

Figura 4.6 – Ilustração da proposição da Seção 4.1.3 (C)

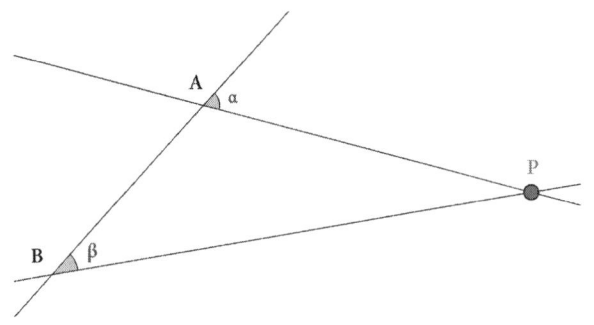

Dadas duas retas paralelas r e s interceptadas por uma reta transversal t, são determinados oito ângulos, sendo quatro deles correspondentes aos outros quatro, conforme mostra a Figura 4.7.

Figura 4.7 – Ângulos correspondentes

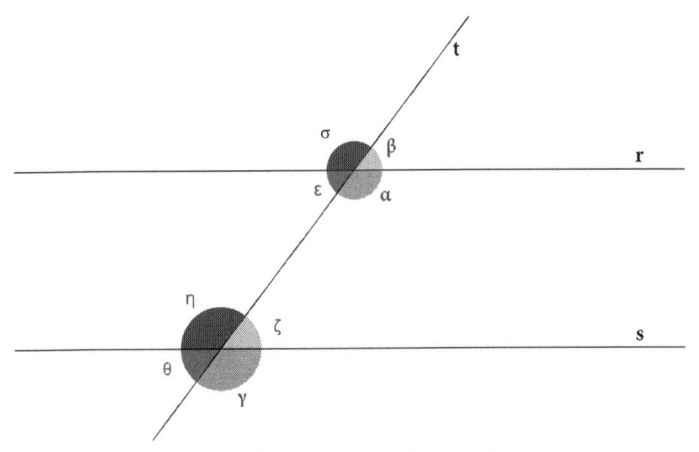

Na Figura 4.7, os ângulos correspondentes são:

β ↔ ζ
α ↔ γ
ε ↔ θ
σ ↔ η

Cada par desses ângulos recebe um nome em especial, quais sejam:

- **Alternos**: são geometricamente iguais, localizam-se em lados opostos à reta transversal e podem ser internos (ε e ζ, ou α e η) ou externos (β e θ, ou σ e γ);
- **Colaterais**: quando se localizam no mesmo lado da reta transversal e podem ser internos (α e ζ, ou ε e η) ou externos (β e γ, ou σ e θ).

Observe, agora, a correspondência entre os ângulos opostos pelo vértice.

Figura 4.8 – Ângulos opostos pelo vértice

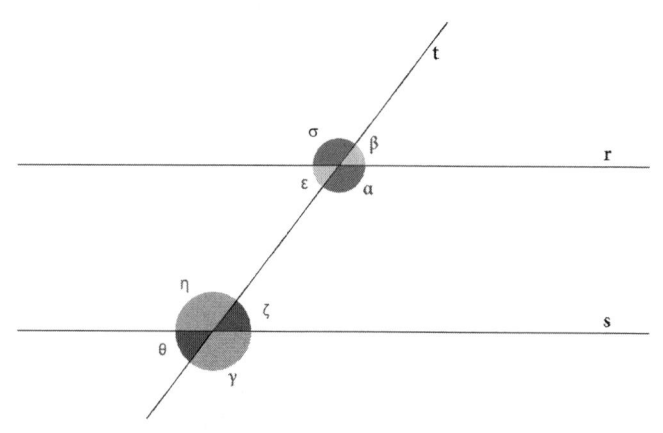

Na Figura 4.8, temos:

$\beta \leftrightarrow \varepsilon$

$\sigma \leftrightarrow \alpha$

$\zeta \leftrightarrow \theta$

$\eta \leftrightarrow \gamma$

Assim, todos os outros pares de ângulos correspondentes também serão iguais.

Observe a Figura 4.9.

Figura 4.9 – Ângulos correspondentes

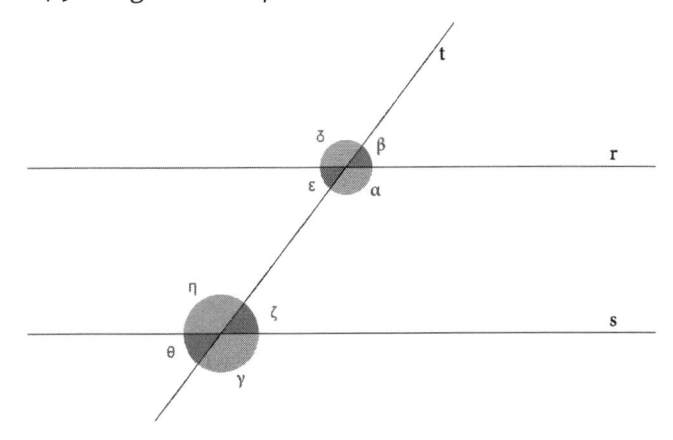

Na imagem, temos:

$\beta = \varepsilon = \zeta = \theta$
$\sigma = \alpha = \eta = \gamma$

Além da correspondência entre os ângulos, é possível observar, por exemplo, que $\beta + \alpha = 180°$ e que $\alpha + \zeta = 180°$. Essa observação serve de base para a reescrita da proposição a seguir em *A* e *B*.

4.1.4 Proposição (A)

Se uma reta *t* interceptar as retas *r* e *s* de maneira que $\alpha + \zeta = 180°$, então as retas *r* e *s* são paralelas, como mostra a Figura 4.10.

Figura 4.10 – Ilustração da proposição da Seção 4.1.4 (A)

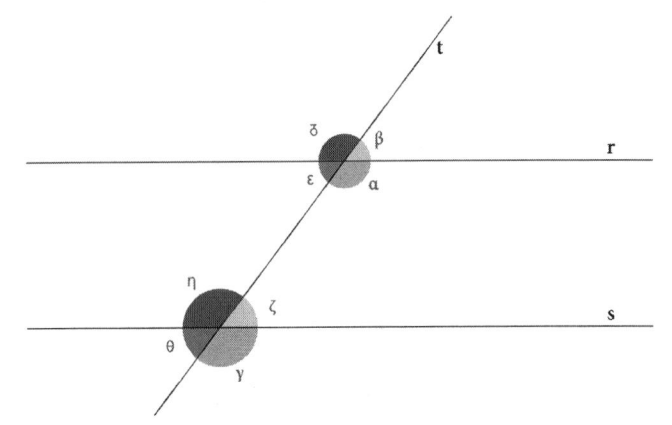

4.1.5 Proposição (B)

Se, ao cortar duas retas com uma transversal, os ângulos correspondentes forem iguais, então essas duas retas são paralelas. A inversa dessa proposição é verdadeira e descreve a nova proposição descrita a seguir.

4.1.6 Proposição

Se duas retas paralelas são cortadas por uma transversal, então os ângulos correspondentes são iguais.

Vejamos. Sejam r e s duas retas paralelas e t uma reta que intercepta r e s nos pontos A e B, respectivamente. Considere uma reta r' que passa pelo ponto A e forma com a transversal t quatro ângulos congruentes aos ângulos correspondentes formados pela reta s com essa mesma transversal t. De acordo com a proposição (B), as retas s e r' são paralelas; consequentemente, pela proposição da Seção 4.1.1, r e r' são coincidentes. Assim, r forma ângulos com a reta t congruentes aos ângulos correspondentes formados por s com a reta t.

A Figura 4.11 exemplifica essa demonstração.

Figura 4.11 – Ilustração da proposição da Seção 4.1.6

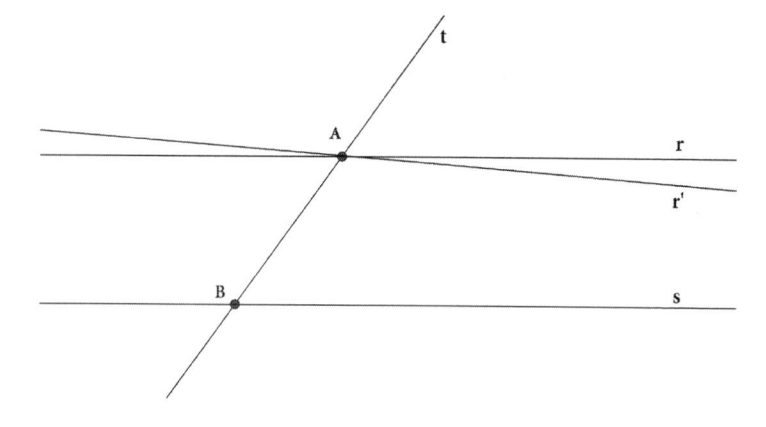

4.2 Teoremas

Os teoremas apresentados a seguir são importantes consequências do axioma das paralelas descrito no início deste capítulo.

Vale lembrarmos que esta obra descreve a geometria euclidiana. Sendo assim, as indagações quanto à validade dos teoremas aqui apresentados limitam-se aos estudos de Euclides.

No entanto, o axioma V ou postulado de Euclides ("Dados um ponto P e uma reta r, existe uma única reta que passa por P e é paralela a r"), apresentado no início desta obra, é muito questionado e depende da superfície geométrica trabalhada.

O postulado da geometria hiperbólica e da geometria elíptica de Riemann, por exemplo, contrariam o quinto postulado de Euclides e pertencem à chamada *geometria não euclidiana*.

4.2.1 Teorema da soma dos ângulos internos de um triângulo

A soma dos ângulos internos de um triângulo é 180°.

Vamos à demonstração desse teorema. Considerando um triângulo ABC, como o da Figura 4.12, tracemos pelo vértice B uma paralela ao lado AC. Chamando os ângulos formados com o vértice B de α, β e γ, temos que α + β + γ = 180°. Como AB é transversal às duas retas paralelas, é uma consequência da proposição da Seção 4.1.6 de que α = $\hat{A}$. Já que BC também é transversal às duas retas paralelas, então γ = $\hat{C}$.

Figura 4.12 – *Ilustração do teorema da soma dos ângulos internos de um triângulo*

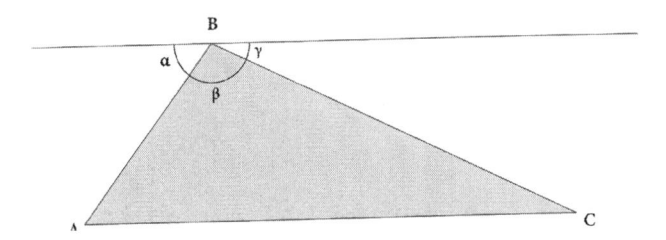

Assim, $\hat{A}+\hat{B}+\hat{C} = \alpha + \beta + \gamma = 180°$.

Existem outras maneiras de demonstrar esse importante resultado; como consequência desse teorema, temos o corolário a seguir.

4.2.2 Corolário

Vamos dividir esse corolário em quatro tópicos:

I. **Em um triângulo retângulo, a soma das medidas dos ângulos agudos é 90º.**

Seja ABC um triângulo retângulo com ângulo reto em B, conforme mostra a Figura 4.13.

Figura 4.13 – Triângulo retângulo

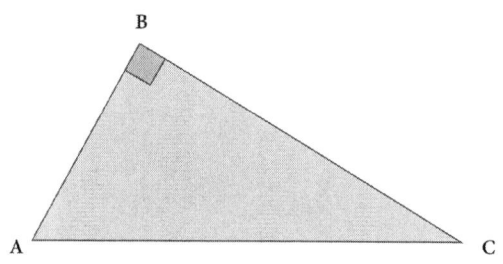

No teorema apresentado anteriormente, vimos que a soma dos ângulos internos de um triângulo é 180°.

Assim:

$\hat{A}+\hat{B}+\hat{C} = 180°$

$\hat{A}+90°+\hat{C} = 180°$

$\hat{A}+\hat{C} = 180°-90°$

$\hat{A}+\hat{C} = 90°$

II. **A medida de cada ângulo interno de um triângulo equilátero é 60°.**

Seja ABC um triângulo equilátero, isto é, $\overline{AB} = \overline{BC} = \overline{AC}$ e $\hat{A} = \hat{B} = \hat{C}$, conforme exemplo da Figura 4.14.

Figura 4.14 – Triângulo equilátero

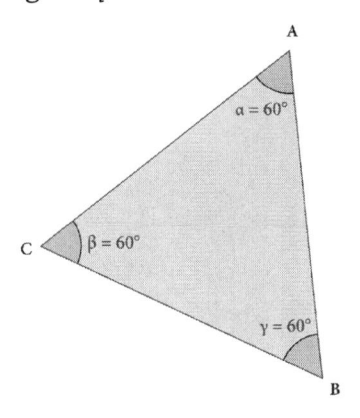

$$\alpha = 60°$$
$$\beta = 60°$$
$$\gamma = 60°$$

Como já provado pelo teorema da Seção 4.2.1, a soma dos ângulos internos de um triângulo é 180°. Assim, tem-se que $\frac{180°}{3} = 60°$.

III. **A medida de um ângulo externo de um triângulo é igual à soma das medidas dos ângulos internos não adjacentes a ele.**

Seja ABC um triângulo cujo ângulo β é o ângulo externo adjacente ao ângulo A (Figura 4.15).

Figura 4.15 – Ilustração da demonstração do item III

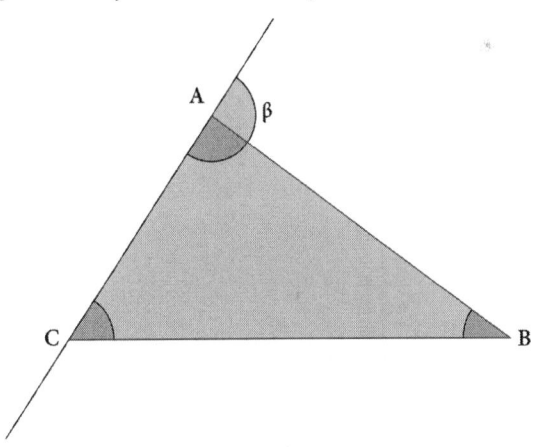

Queremos provar que $\beta = \hat{B} + \hat{C}$. Do teorema 4.2.1, temos que $\hat{A} + \hat{B} + \hat{C} = 180°$. Como $\beta + \hat{A} = 180°$, temos que $\hat{B} + \hat{C} = \beta$.

IV. **A soma dos ângulos internos de um quadrilátero é 360º.**

Seja um quadrilátero ABCD, conforme mostra a Figura 4.16. Podemos decompô-lo em dois triângulos ABC e ACD.

No triângulo ABC, cujos ângulos internos são a_1, b e c_1, temos, pelo teorema da Seção 4.2.1, que:

$a_1 + b + c_1 = 180°$ (I)

No triângulo ACD, cujos ângulos internos são a_2, c_2 e d, temos:

$a_2 + c_2 + d = 180°$ (II)

Somando as equações (I) e (II), temos:

$a_1 + b + c_1 + a_2 + c_2 + d = 180° + 180°$

Como $a_1 + a_2 = a$ e $c_1 + c_2 = c$, então:

$a + b + c + d = 360°$

Figura 4.16 – Soma dos ângulos internos de um quadrilátero

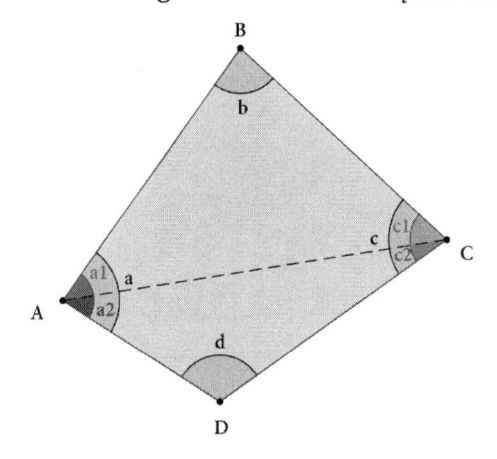

4.2.3 Teorema

Se r e s são retas paralelas, então todos os pontos de r estão à mesma distância da reta s.

Esse teorema mostra que retas paralelas são equidistantes.

Vamos à demonstração. Sejam r e s retas paralelas. Sobre a reta r, marque os pontos A e B, e deles baixe perpendiculares à reta s. Sejam A' e B' os pés dessas perpendiculares, conforme a Figura 4.17. Queremos provar que $AA' = BB'$ e, para isso, traçamos o segmento $A'B$.

Figura 4.17 – Retas paralelas (equidistantes)

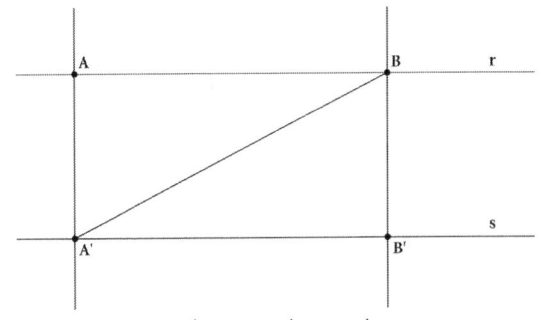

Observe que $A\hat{B}A' = B\hat{A}'B'$ e $A'\hat{A}B = B\hat{B}'A' = 90°$. Assim, r e s são paralelas, e as retas que contêm AA' e BB' são transversais. Logo, ABA' e $A'BB'$ são triângulos retângulos com um ângulo agudo em comum, ângulo reto e a hipotenusa (lado) também em comum.

Pela congruência de triângulos ALA (ângulo-lado-ângulo), os triângulos são congruentes. Assim, concluímos que $AA' = BB'$, como queríamos provar.

4.2.4 Definição

Um paralelogramo é um quadrilátero com lados opostos paralelos.

A Figura 4.18 é um exemplo de paralelogramo, no qual $AB \mathbin{/\mkern-5mu/} DC$ e $AD \mathbin{/\mkern-5mu/} BC$.

Figura 4.18 – Paralelogramo

4.2.5 Proposição

Um paralelogramo tem lados e ângulos opostos congruentes.

Vamos à demonstração dessa proposição. Considerando $ABCD$ um paralelogramo, tracemos a diagonal AC, conforme mostra a Figura 4.19.

Figura 4.19 – *Paralelogramo com diagonal* AC

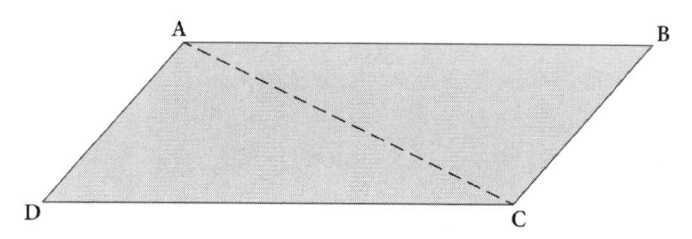

Observe que o paralelogramo foi dividido em dois triângulos ABC e ACD. Como AB e DC são paralelos, então $B\hat{A}C = A\hat{C}D$. Da mesma maneira, como AD e BC são paralelos, então $C\hat{A}D = A\hat{C}B$. Além disso, AC é comum aos dois triângulos. Por congruência de triângulos ALA, temos que os triângulos ABC e ACD são congruentes. Logo, $\hat{B} = \hat{D}$, $AB = CD$, $AD = BC$ e $\hat{A} = \hat{C}$.

4.2.6 Proposição

As diagonais de um paralelogramo se interceptam no ponto médio das duas diagonais.

Vamos à demonstração. Seja $ABCD$ um paralelogramo, conforme mostra a Figura 4.20. Tracemos suas diagonais AC e BD. Considerando os triângulos ABM e CDM formados, temos que:

$\alpha = \beta$
$\sigma = \gamma$
$\overline{AB} = \overline{CD}$

Observe a Figura 4.20.

Figura 4.20 – Paralelogramo e suas diagonais

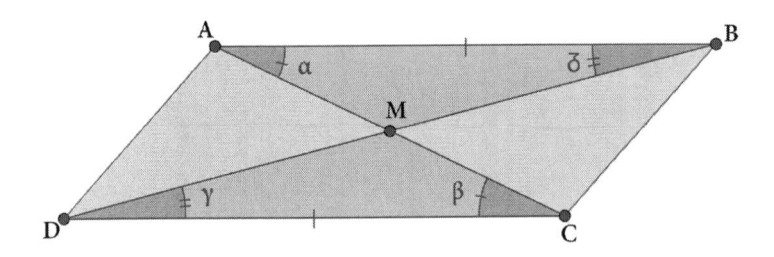

Assim, pelo caso ALA (ângulo-lado-ângulo), os triângulos ABM e CDM são congruentes. Logo, $\overline{AM} = \overline{CM}$ e $\overline{DM} = \overline{BM}$, como queríamos demonstrar.

4.2.7 Proposição

Se os lados opostos de um quadrilátero são congruentes, então esse quadrilátero é um paralelogramo.

Seja $ABCD$ um quadrilátero em que $\overline{AB} = \overline{CD}$ e $\overline{AD} = \overline{BC}$. Traçando a diagonal AC (Figura 4.21), temos dois triângulos congruentes, de acordo com o terceiro caso de congruência de triângulos. Assim, $B\hat{A}C = A\hat{C}D$, garantindo que AB é paralelo a CD, $C\hat{A}D = A\hat{C}B$ e AD é paralelo a BC. Logo, $ABCD$ é um paralelogramo.

Figura 4.21 – Paralelogramo ABCD

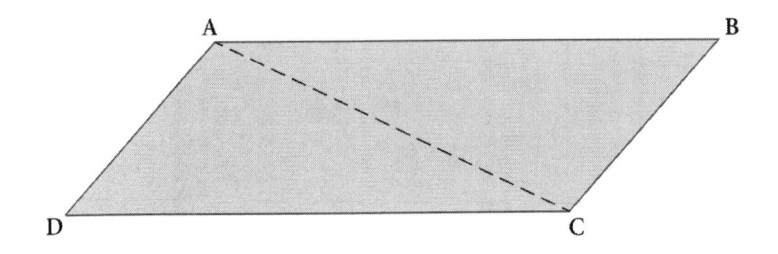

4.2.8 Proposição

Se um quadrilátero tem dois lados opostos congruentes e paralelos, então esse quadrilátero é um paralelogramo.

Por exemplo: seja $ABCD$ um paralelogramo com $\overline{AB} = \overline{CD}$ e AB // CD. Considere a diagonal AC, como mostra a Figura 4.22. Observe que essa diagonal divide o paralelogramo nos triângulos ABC e ACD. Como AB e CD são paralelos, temos que $B\hat{A}C = A\hat{C}D$. Além disso, o segmento AC é comum aos dois triângulos. Logo, os triângulos ABC e ACD são congruentes (caso LAL). Assim, AD e BC também são paralelos e congruentes.

Figura 4.22 – Divisão dos paralelogramos nos triângulos ABC e ACD

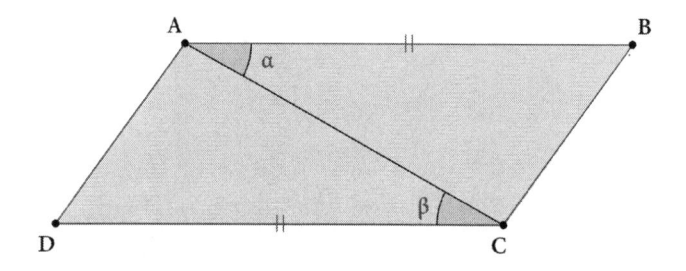

4.2.9 Teorema

O segmento que contém os pontos médios de dois lados de um triângulo é paralelo ao terceiro lado e tem a metade do seu comprimento.

Vejamos. Seja ABC um triângulo. Considere D o ponto médio de BC e E o ponto médio de AB. Queremos provar que DE é paralelo a AC e que $\overline{DE} = \dfrac{\overline{AC}}{2}$. Na semirreta S_{DE}, vamos marcar um ponto F tal que E esteja entre D e F e $\overline{EF} = \overline{DE}$.

Figura 4.23 – Ilustração do teorema da Seção 4.2.9 (A)

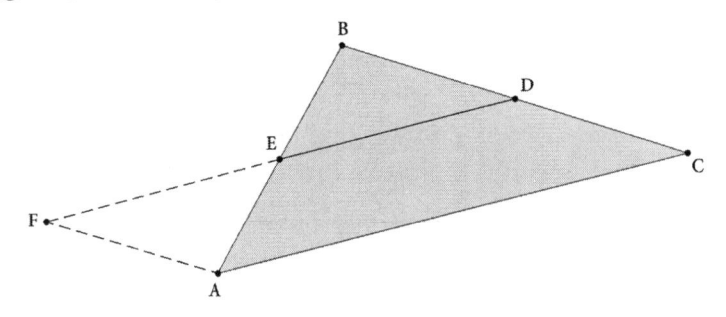

Como $BE = AE$, afinal E é o ponto médio de AB, temos que $B\hat{E}D = A\hat{E}F$, por serem opostos pelo vértice (Figura 4.24). Assim, os triângulos BDE e AEF são congruentes e, como consequência, temos que e $A\hat{F}E = B\hat{D}E$ e $\overline{AF} = \overline{BD}$. Logo, AF e DC são paralelos e congruentes.

Pela proposição 4.2.8, concluímos que o quadrilátero $ACDF$ é um paralelogramo e os segmentos DF e AC também são paralelos e congruentes. Como E é o ponto médio de DF, temos que $\overline{DE} = \dfrac{AC}{2}$.

Figura 4.24 – Ilustração do teorema da Seção 4.2.9 (B)

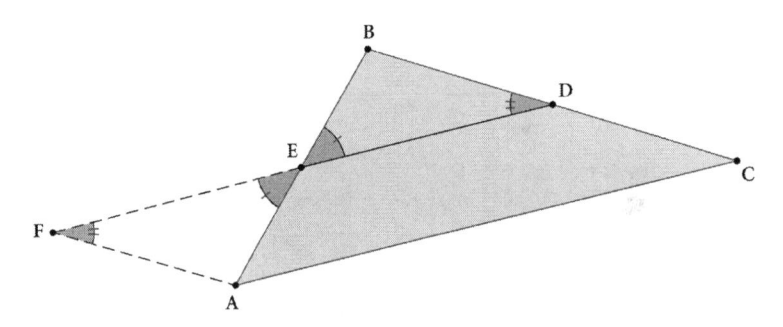

4.2.10 Proposição

Sejam a, b e c três retas paralelas que cortam a reta r nos pontos A, B e C e a reta s nos pontos D, E e F. Se o ponto B encontra-se entre A e C, então o ponto E também encontra-se entre D e F (primeira parte). Se $AB = BC$, logo $DE = EF$ (segunda parte).

Vamos fazer a demonstração dessa proposição em duas partes.

I. **Primeira parte:** Sejam a, b e c retas paralelas e r e s retas que interceptam essas paralelas nos pontos A, B e C e D, E e F, respectivamente, como indicado na Figura 4.25. Se B está entre A e C, então A e C pertencem a semiplanos distintos em relação à reta b, diferentemente de A e D, que estão em um mesmo semiplano determinado por b, já que a reta a é paralela à reta b e A e D pertencem à reta a.

Da mesma maneira, C e F estão em um mesmo semiplano determinado por b. Assim, D e F estão em semiplanos distintos em relação à reta b. Logo, a reta b intercepta o segmento DF em um único ponto, o ponto E, afinal, E é o ponto de interseção da reta b com a reta s e os pontos D e F pertencem à reta s. Concluímos, assim, que E pertence ao segmento DF e D está entre D e F.

Figura 4.25 – Ilustração da primeira parte do teorema da Seção 4.2.10

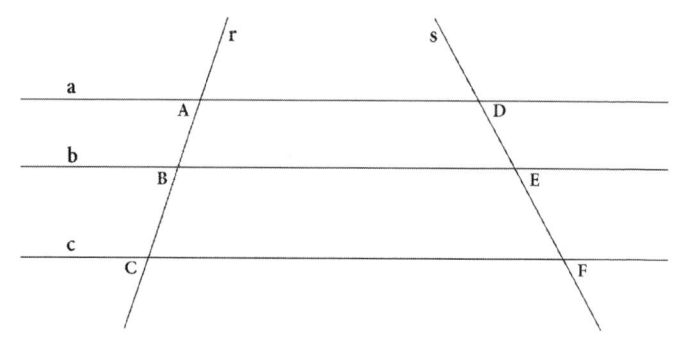

II. **Segunda parte:** Considere uma reta paralela à reta r que contenha o ponto E e que intercepte as retas a e c nos pontos G e H, respectivamente (Figura 4.26). Observe que o quadrilátero $ABEG$ é um paralelogramo, então os segmentos AB e EG são paralelos e congruentes, assim como AG e BE. Como por hipótese $AB = BC$, temos que $GE = EH$.

Figura 4.26 – Ilustração da segunda parte do teorema da Seção 4.2.10

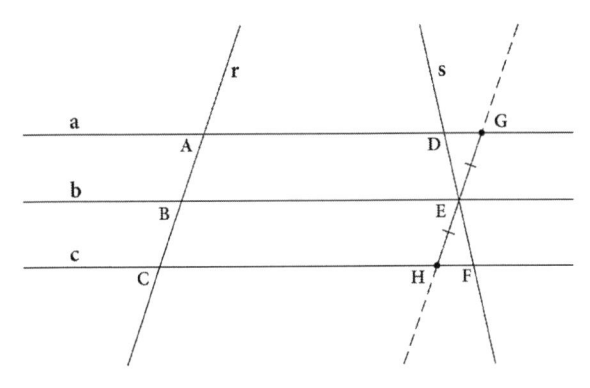

Verificamos também a igualdade entre os ângulos $D\hat{E}G$ e $F\hat{E}H$, visto que são opostos pelo vértice, e entre os ângulos $D\hat{G}E$ e $E\hat{H}F$, por serem correspondentes determinados por uma transversal cortada pelas paralelas a e c (Figura 4.27).

Figura 4.27 – Triângulos DEG e EFH congruentes

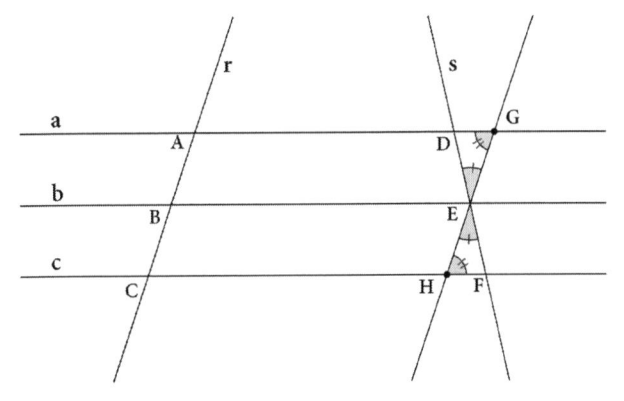

Com isso, temos que os triângulos DEG e EFH são congruentes. Logo, $DE = EF$.

4.2.11 Corolário

Suponha que k retas paralelas $a_1, a_2, ..., a_k$ interceptam duas retas r e s nos pontos $A_1, A_2, ..., A_k$ e nos pontos $A'_1, A'_2, ..., A'_k$, respectivamente. Se $A_1 A_2 = A_2 A_3 = ... = A_{k-1} A_k$, então $A'_1 A'_2 = A'_2 A'_3 = ... = A'_{k-1} A'_k$.

A Figura 4.28 ilustra esse corolário.

Figura 4.28 – Ilustração do corolário da Seção 4.2.11

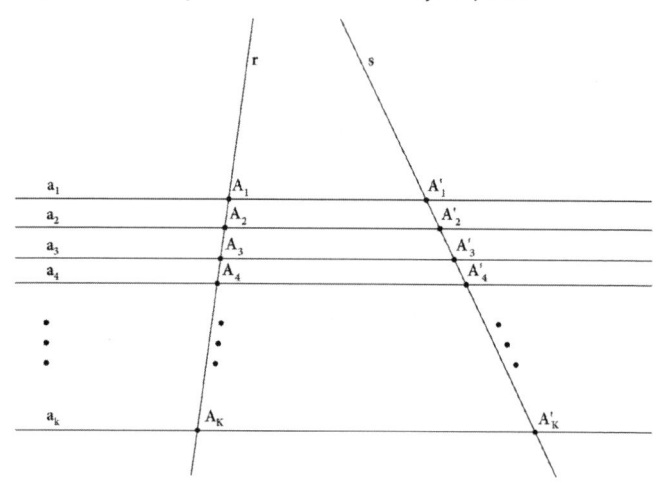

4.2.12 Teorema de Tales

Segundo o teorema de Tales, se uma reta paralela a um dos lados de um triângulo corta os outros dois lados, ela os divide na mesma razão, ou seja, determina um novo triângulo, semelhante ao primeiro.

Vamos à demonstração. Considere um triângulo ABC e uma reta paralela ao lado AC que corta os lados AB e BC, nos pontos D e E, respectivamente, como ilustrado na Figura 4.29. Queremos demonstrar que $\dfrac{\overline{BD}}{\overline{BA}} = \dfrac{\overline{BE}}{\overline{BC}}$.

Figura 4.29 – Triângulo ABC e reta paralela ao lado AC

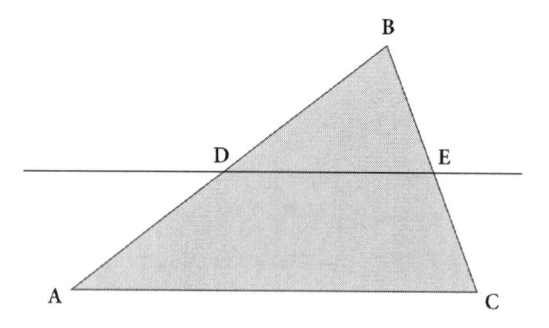

Considere um segmento BP_1 na semirreta S_{BA}, de maneira que as razões $\dfrac{\overline{BA}}{\overline{BP_1}}$ e $\dfrac{\overline{BD}}{\overline{BP_1}} \notin Z$. Tome os pontos $P_2, P_3, ..., P_k, ...$ tais que $k \cdot \overline{BP_1} = \overline{BP_k}, \forall k \geq 2$.

Há dois números inteiros *m* e *n*, tais que:

- D está entre P_m e P_{m+1};
- A está entre P_n e P_{n+1}.

Assim:

- $m \cdot \overline{BP_1} < \overline{BD} < (m+1) \cdot \overline{BP_1}$ e
- $n \cdot \overline{BP_1} < \overline{BA} < (n+1) \cdot \overline{BP_1}$

Temos, portanto:

a. $\dfrac{m}{n+1} < \dfrac{\overline{BD}}{\overline{BA}} < \dfrac{m+1}{n}$

Traçando pelos pontos $P_1, P_2, ..., P_{n+1}$ retas paralelas a AC, estas interceptam a semirreta S_{BC} nos pontos $Q_1, Q_2, ..., Q_{n+1}$, que satisfazem à equação:

$$k \cdot \overline{BQ_1} = \overline{BQ_k}, \forall k, 2 \leq k \leq n+1$$

Observamos, também, que E está entre Q_m e Q_{m+1} e C está entre Q_n e Q_{n+1}.

Assim, obtemos a seguinte desigualdade:

b. $\dfrac{m}{n+1} < \dfrac{\overline{BE}}{\overline{BC}} < \dfrac{m+1}{n}$

Das desigualdades (a) e (b), temos:

c. $\left| \dfrac{\overline{BD}}{\overline{BA}} - \dfrac{\overline{BE}}{\overline{BC}} \right| < \dfrac{m+1}{n} - \dfrac{m}{n+1}$

Como $m \leq n$, então:

$$\dfrac{m+1}{n} - \dfrac{m}{n+1} = \dfrac{m+n+1}{n(n+1)} \leq \dfrac{2n+2}{n(n+1)} = \dfrac{2(n+1)}{n(n+1)} = \dfrac{2}{n}$$

Assim, as razões $\dfrac{\overline{BD}}{\overline{BA}}$ e $\dfrac{\overline{BE}}{\overline{BC}}$ diferem por não mais do que $\dfrac{2}{n}$. Quanto menor for o segmento BP_1, tanto maior será o quociente $\dfrac{2}{n}$. Como $\left|\dfrac{\overline{BD}}{\overline{BA}} - \dfrac{\overline{BE}}{\overline{BC}}\right|$ não depende de n, concluímos que os quocientes $\dfrac{\overline{BD}}{\overline{BA}}$ e $\dfrac{\overline{BE}}{\overline{BC}}$ são iguais, como queríamos demonstrar.

O teorema de Tales é muito utilizado em diversas situações geométricas e do cotidiano, pois auxilia no cálculo de distâncias inacessíveis e nas relações de semelhança ou congruência de triângulos.

Como exemplo, considere que a sombra de um poste vertical projetada sobre o chão (plano) mede 15 m. Ao mesmo tempo, a sombra de um bastão vertical de 1 m de altura mede 0,5 m. Qual é a altura do poste?

Primeiramente, representamos essa situação por meio de um desenho.

Figura 4.30 – Sombra de um poste e de um bastão

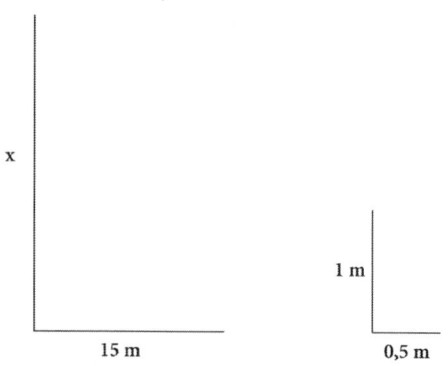

Aplicando o teorema de Tales, temos:

$\dfrac{x}{15} = \dfrac{1}{0,5}$

$0,5 \cdot x = 1 \cdot 15$

$x = \dfrac{15}{0,5}$

$x = 30\,\text{m}$

Assim, a altura do poste é 30 m.

Saiba mais

Tales de Mileto, filósofo nascido por volta de 624 a.C., em Mileto, antiga colônia da Grécia e atual Turquia, é apontado como um dos maiores sábios da Grécia Antiga.

O eclipse solar foi explicado pela primeira vez por ele, ao verificar que a Lua era iluminada pelo Sol. Segundo Lino (2015), astrônomos modernos calculam que o primeiro eclipse previsto por Tales ocorreu em 28 de maio de 585 a.C.

Figura 4.31 – Eclipse solar

Jurgen Faelchle/Shutterstock

Síntese

Neste capítulo, estudamos axiomas, proposições e corolários que envolvem as retas paralelas. Aprendemos a localizar os ângulos congruentes em retas paralelas, assim como os ângulos formados por retas paralelas interceptadas por uma transversal.

Vimos também o teorema da soma dos ângulos internos de um triângulo e as consequências imediatas desse teorema. Além disso, conhecemos a definição de paralelogramo com seus lados, ângulos e diagonais.

Por fim, vimos as igualdades presentes em determinados segmentos ou ângulos quando retas paralelas são cortadas por transversais. Essas igualdades foram o ponto de partida para a compreensão do teorema de Tales e suas aplicações.

Atividades resolvidas

1. Uma tesoura funciona partindo do princípio de que, quando os cabos são fechados, as lâminas também se fecham no mesmo ângulo, ou seja, se os cabos se fecharem formando 39°, as lâminas também se fecham formando 39°.

Assim sendo, determine as medidas dos ângulos indicados na imagem a seguir, sem efetuar medições.

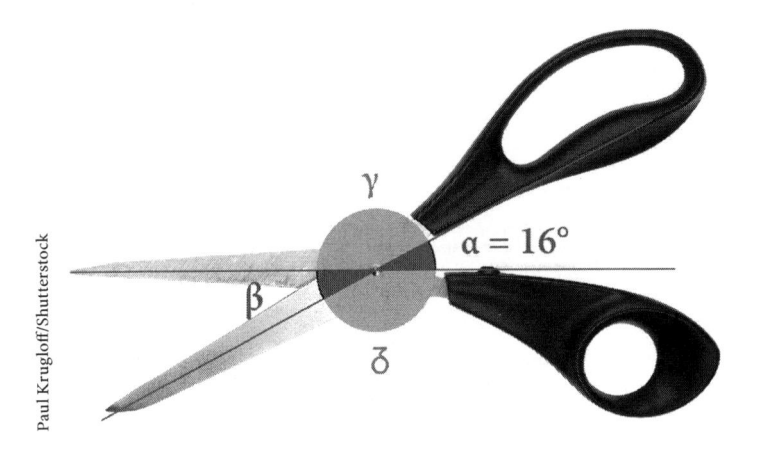

Resolução:

Como os ângulos correspondentes são iguais, temos que $\alpha = \beta = 16°$.

Verificamos também que $\gamma = \sigma = 164°$, pois são ângulos suplementares de α e β.

2. Mostre que as diagonais de um paralelogramo são congruentes.

Resolução:

Um paralelogramo é um quadrilátero cujos lados opostos são paralelos e seus lados e ângulos opostos são congruentes. Assim, considere $ABCD$ um paralelogramo e trace suas diagonais AC e BD, que se interceptam no ponto E.

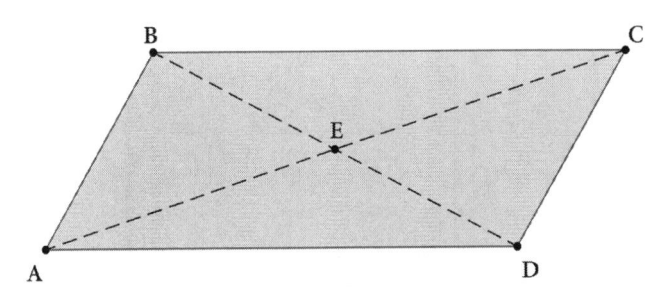

Considerando os triângulos BCE e ADE formados, temos que:

$$D\hat{A}E = B\hat{C}E$$

$$A\hat{D}E = C\hat{B}E$$

$$\overline{AD} = \overline{BC}$$

Desse modo, pelo caso ALA (ângulo-lado-ângulo), os triângulos BCE e ADE são congruentes. Logo, $\overline{AE} = \overline{CE}$ e $\overline{BE} = \overline{DE}$, ou seja, $\overline{AE} + \overline{CE} = \overline{BE} + \overline{DE}$, como queríamos demonstrar.

3. Dadas as retas r e s, tal que $r \parallel s$, é possível afirmar que:

   a) Se uma reta t interceptar a reta r, então, impreterivelmente, ela intercepta também a reta s.

   b) O fato de uma reta t interceptar a reta r não significa que ela vai interceptar também a reta s.

   c) Pode ocorrer de uma reta t interceptar a reta s e não interceptar a reta r.

   d) Pode ocorrer, de uma reta t, transversal a r e s, não interceptar nem a reta r, nem a reta s.

Resolução:

A resposta correta é a letra a. Pelo corolário da Seção 4.1.2, se uma reta intercepta uma de duas retas paralelas, então ela intercepta também a outra, como mostra a imagem a seguir.

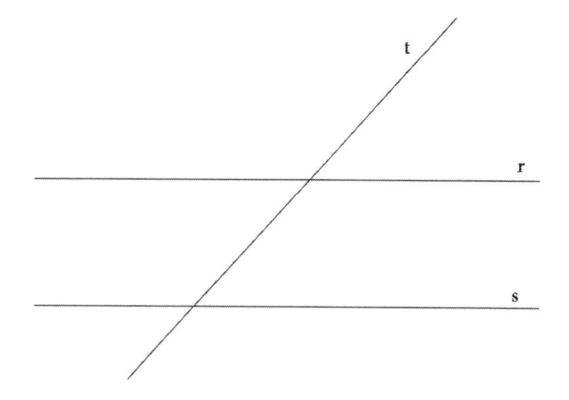

4. Três terrenos têm frente para a rua X e para a rua Y, como na figura a seguir. As divisas laterais desses terrenos são perpendiculares à rua X.

Qual é a medida de frente para a rua Y de cada terreno, sabendo que a soma dessas medidas é 156 m?

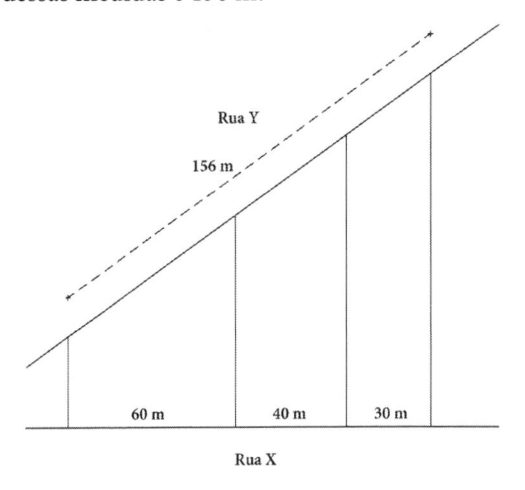

Resolução:

Chamando de a, b e c as frentes dos terrenos para a rua Y, da esquerda para a direita, e aplicando o teorema de Tales, temos:

$$\frac{a}{60} = \frac{b}{40} = \frac{c}{30} = \frac{a+b+c}{60+40+30} = \frac{156}{130} = 1,2 \text{ m}$$

$$\frac{a}{60} = 1,2 \Rightarrow a = 72 \text{ m}$$

$$\frac{b}{40} = 1,2 \Rightarrow b = 48 \text{ m}$$

$$\frac{c}{30} = 1,2 \Rightarrow c = 36 \text{ m}$$

Assim, da esquerda para a direita, temos que o primeiro terreno tem 72 m de frente para a rua Y; o segundo, 48 m, e o terceiro, 36 m.

Atividades de autoavaliação

1. Analise as afirmações a seguir e indique se são verdadeiras (V) ou falsas (F):

( ) Um paralelogramo é um polígono que tem quatro lados e quatro ângulos.

( ) Todo quadrilátero tem duas diagonais.

( ) Um quadrilátero que tem duas diagonais perpendiculares entre si é chamado de *losango*.

( ) As diagonais de um paralelogramo se interceptam no ponto médio.

A sequência correta, da primeira para a última, é:

a) V, V, F, F.
b) V, V, F, V.
c) V, F, F, F.
d) V, V, V, V.

2. Analise as afirmações a seguir e indique se são verdadeiras (V) ou falsas (F):

( ) Em um triângulo retângulo, a soma das medidas dos ângulos agudos é 180°.

( ) A medida de cada ângulo interno de um triângulo equilátero é 60°.

( ) A medida de um ângulo externo de um triângulo é igual à soma das medidas dos ângulos internos adjacentes a ele.

( ) A soma dos ângulos internos de um quadrilátero é 360°.

A sequência correta, de cima para baixo, é:

a) F, V, V, V.
b) F, V, F, V.
c) V, F, F, F.
d) V, V, V, V.

3. Considerando a figura a seguir, assinale a alternativa que completa o teorema:

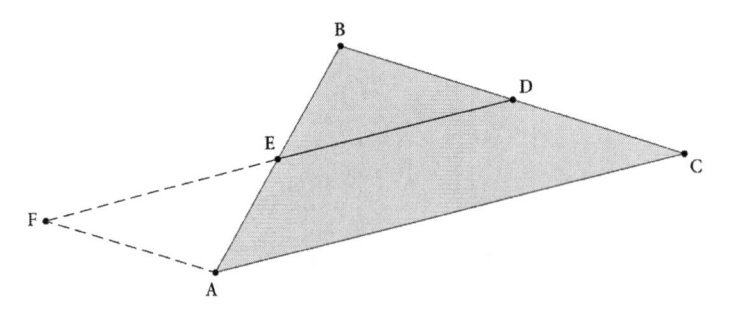

"O segmento que contém os pontos médios de dois lados de um triângulo é _____ ao _____ lado e tem _____ do seu comprimento."

a) perpendicular; segundo; a metade.
b) perpendicular; segundo; o dobro.
c) paralelo; terceiro; a metade.
d) paralelo; terceiro; o dobro.

4. Assinale a alternativa que enuncia corretamente o teorema de Tales:

   a) Se uma reta paralela a um dos lados de um triângulo corta os outros dois lados, ela os divide na mesma razão, ou seja, determina um novo triângulo, semelhante ao primeiro.

   b) Se uma reta perpendicular a um dos lados de um triângulo corta os outros dois lados, ela os divide na mesma razão, ou seja, determina um novo triângulo, diferente do primeiro.

   c) Se uma reta paralela a um dos lados de um triângulo não intercepta os outros dois lados, então ela os divide na mesma razão, ou seja, determina um novo triângulo, semelhante ao primeiro.

   d) Se uma reta transversal a um dos lados de um triângulo intercepta os outros dois lados, então ela os divide numa razão diferente, ou seja, determina um novo triângulo, semelhante ao primeiro.

5. Para encontrar a altura de um poste de energia elétrica que está apoiado em um bloco de concreto de 1 m de altura, foi medida, em um mesmo instante, a sombra projetada pelo bloco e a sombra

projetada pelo poste, conforme mostra a imagem a seguir. Nessas condições, qual é a altura (h) do poste?

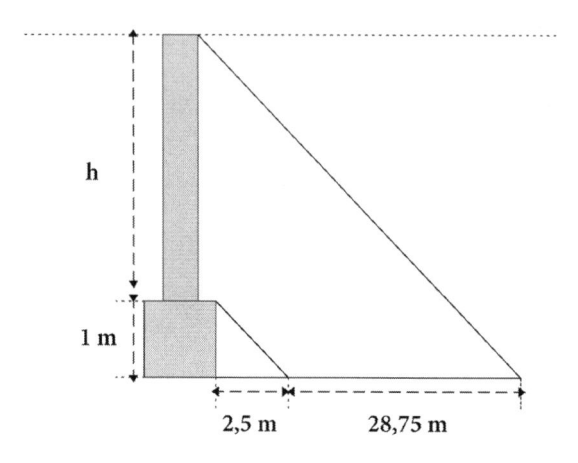

h

1 m

2,5 m   28,75 m

a) 11,5 m.
b) 12,5 m.
c) 28,75 m.
d) 31,25 m.

ATIVIDADES DE APRENDIZAGEM

Questões para reflexão

1. Imagine que você precisa medir a altura de determinado prédio para decorá-lo com luzes natalinas. Quais as opções possíveis para medi-lo, a fim de comprar a quantidade adequada? Para responder, lembre-se dos conceitos aprendidos neste capítulo.

2. O que é um teodolito? Quais são os modelos mais utilizados?

Atividade aplicada: prática

Construa um teodolito e meça a altura do prédio mais próximo à sua residência.

SEMELHANÇA DE TRIÂNGULOS E TEOREMA DE PITÁGORAS

Neste capítulo, abordaremos a semelhança de triângulos e demonstraremos como a aplicação dessa semelhança pode definir o teorema de Pitágoras, muito utilizado em diversas aplicações da geometria.

A semelhança de triângulos, que será definida a seguir, auxilia na resolução de diversas situações geométricas. Por meio de sua correta utilização, ficamos livres de memorizar várias fórmulas necessárias em cálculos geométricos.

5.1 Semelhança de triângulos

Dois triângulos são semelhantes quando há uma **correspondência biunívoca*** entre seus vértices, de modo que os ângulos correspondentes sejam iguais e seus lados correspondentes sejam proporcionais.

---

* Associa a cada um dos elementos de um conjunto um único elemento de outro conjunto, e vice-versa.

Observe as imagens a seguir.

Figura 5.1 – Triângulos ABC e DEF

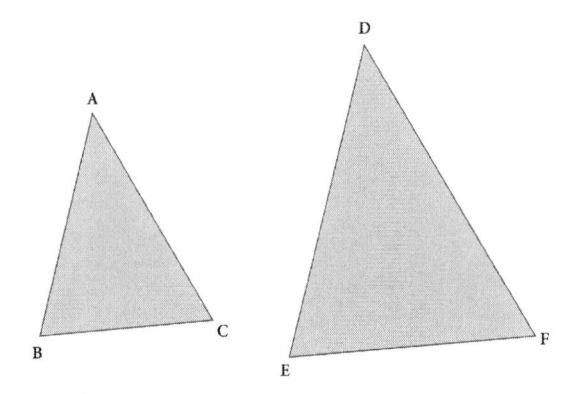

Dados os triângulos *ABC* e *DEF*, haverá semelhança entre eles se:

$A \leftrightarrow D,\ B \leftrightarrow E,\ C \leftrightarrow F$

$\hat{A} = \hat{D},\ \hat{D} = \hat{E},\ \hat{C} = \hat{F}$

$\dfrac{\overline{AB}}{\overline{DE}} = \dfrac{\overline{AC}}{\overline{DF}} = \dfrac{\overline{BC}}{\overline{EF}}$

O símbolo matemático $\leftrightarrow$ significa "correspondência biunívoca entre os vértices".

O quociente comum entre as medidas dos lados correspondentes é chamado de *razão de proporcionalidade entre os triângulos*.

A notação de semelhança é o símbolo "~". Na Figura 5.1, por exemplo, poderíamos escrever:

$\triangle ABC \sim \triangle DEF$

Nessa notação, a correspondência entre os vértices e igualdade entre os ângulos é dada exatamente na ordem em que eles aparecem.

5.2 Teorema fundamental da proporcionalidade

Em consequência da definição anterior, é certo que dois triângulos congruentes são semelhantes. No entanto, não é necessária a verificação de todas as condições de semelhança de triângulos: basta verificar algumas delas, como descreveremos nos próximos teoremas.

5.2.1 Teorema (segundo caso de semelhança de triângulos)

Dados dois triângulos ABC e DEF, se $\hat{A} = \hat{D}$ e $\hat{B} = \hat{E}$, então os triângulos ABC e DEF são semelhantes, como mostra a Figura 5.2.

Figura 5.2 – Triângulos ABC e DEF com $\hat{A} = \hat{D}$ e $\hat{B} = \hat{E}$

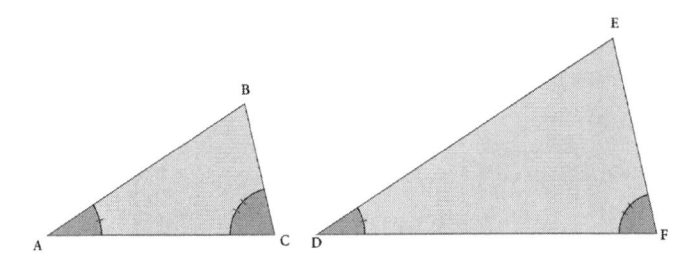

Sabemos que a soma dos ângulos internos de um triângulo é 180°. Se $\hat{A} = \hat{D}$ e $\hat{C} = \hat{F}$, então $\hat{B} = \hat{E}$. Devemos, agora, provar que os lados correspondentes dos dois triângulos são proporcionais. Para tanto, vamos marcar um ponto G na semirreta S_{DF}, de modo que $DG = AC$, e pelo ponto G traçaremos uma reta paralela ao segmento EF.

Figura 5.3 – Triângulos DEF e DGH

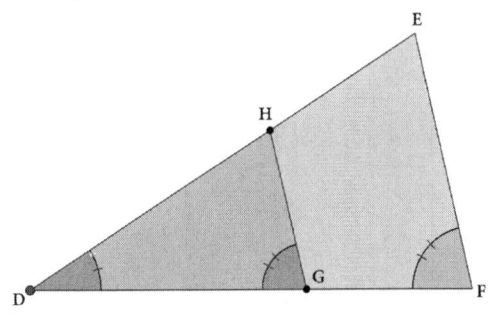

A reta paralela formada corta a semirreta SDE em um ponto H, formando o triângulo DHG, que é congruente ao triângulo ABC, afinal, $\hat{A} = \hat{D}$, $\hat{B} = D\hat{H}G$, $C = D\hat{G}H = F$ e $AC = DG$. Assim, $\dfrac{\overline{DG}}{\overline{DF}} = \dfrac{\overline{DH}}{\overline{DE}}$.

Como $DG = AC$ e $DH = AB$, temos que:

$$\dfrac{\overline{AC}}{\overline{DF}} = \dfrac{\overline{AB}}{\overline{DE}}$$

De maneira análoga, podemos demonstrar que $\dfrac{\overline{AB}}{\overline{DE}} = \dfrac{\overline{BC}}{\overline{EF}}$.

Esse teorema permite construir triângulos semelhantes com a utilização de régua e compasso ou com *softwares* matemáticos, como o GeoGebra.

Indicação cultural

GEOGEBRA. Disponível em: <https://www.geogebra.org/?ggbLang=pt_BR/>. Acesso em: 30 set. 2016.

O software GeoGebra foi desenvolvido para auxiliar na criação de desenhos geométricos, tendo em vista suas particularidades, como pontos médios, bissetrizes, mediatrizes, retas paralelas, perpendiculares, tangentes, entre outras.

Para desenharmos um triângulo semelhante ao *ABC*, por exemplo, construímos um segmento *DE* de qualquer comprimento e, partindo de suas extremidades, construímos ângulos *D* e *E* iguais a *B* e *A*, respectivamente, em um mesmo semiplano determinado pela reta *DE*.

Prolongando os lados desses ângulos, obtemos o ponto *F*. De acordo com o teorema visto, os triângulos *ABC* e *EDF* são semelhantes. Essa construção está exemplificada na Figura 5.4.

Figura 5.4 – Triângulos ABC *e* DEF

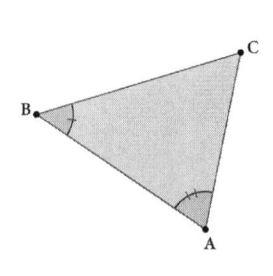

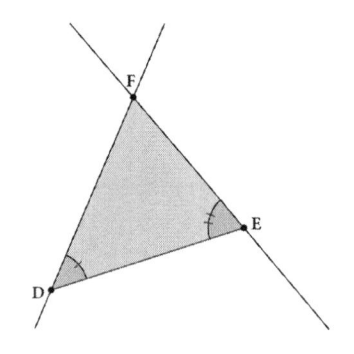

5.2.2 Teorema (primeiro caso de semelhança de triângulos)

Dois triângulos ABC e DEF são semelhantes se $\hat{A} = \hat{D}$ e $\dfrac{\overline{AC}}{\overline{DF}} = \dfrac{\overline{AB}}{\overline{DE}}$.

Com base nos triângulos ABC e DEF, vamos construir um triângulo GHI, de modo que $\hat{G} = \hat{A}$ e $\hat{I} = \hat{C}$ e $\overline{GI} = \overline{DF}$, conforme mostra a Figura 5.5.

Figura 5.5 – Ilustração do primeiro caso de semelhança de triângulos

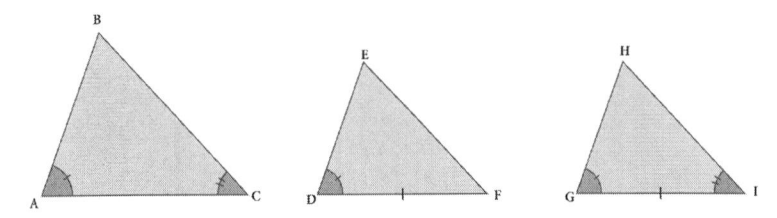

De acordo com o teorema visto na seção anterior, também conhecido como *segundo caso de semelhança de triângulos*, dados dois triângulos quaisquer, se dois ângulos correspondentes forem congruentes, então os triângulos são semelhantes. Assim, temos que os triângulos ABC e GHI são semelhantes.

Desse modo:

$$\dfrac{\overline{AC}}{\overline{GI}} = \dfrac{\overline{AB}}{\overline{GH}}$$

Como $\overline{GI} = \overline{DF}$, e por hipótese $\dfrac{\overline{AC}}{\overline{DF}} = \dfrac{\overline{AB}}{\overline{DE}}$, da igualdade anterior temos que $\overline{GH} = \overline{DE}$.

Verificamos, então, a congruência entre os triângulos DEF e GHI (LAL), afinal:

$\overline{GI} = \overline{DF}$, $\hat{G} = \hat{D}$ e $\overline{GH} = \overline{DE}$.

Como os triângulos ABC e GHI são semelhantes, conclui-se que ABC e DEF também são semelhantes. Esse teorema é conhecido como o *primeiro caso de semelhança de triângulos*.

5.2.3 Teorema (terceiro caso de semelhança de triângulos)

Dados dois triângulos ABC e DEF, se $\dfrac{\overline{AB}}{\overline{DE}} = \dfrac{\overline{BC}}{\overline{EF}} = \dfrac{\overline{AC}}{\overline{DF}}$, então os dois triângulos são semelhantes.

Vejamos. Com base nos triângulos ABC e DEF, vamos construir um triângulo GHI, de modo que $\hat{G} = \hat{A}$, $\overline{GH} = \overline{DE}$ e $\overline{GI} = \overline{DF}$, conforme mostra a Figura 5.6.

Figura 5.6 – Ilustração do terceiro caso de semelhança de triângulos

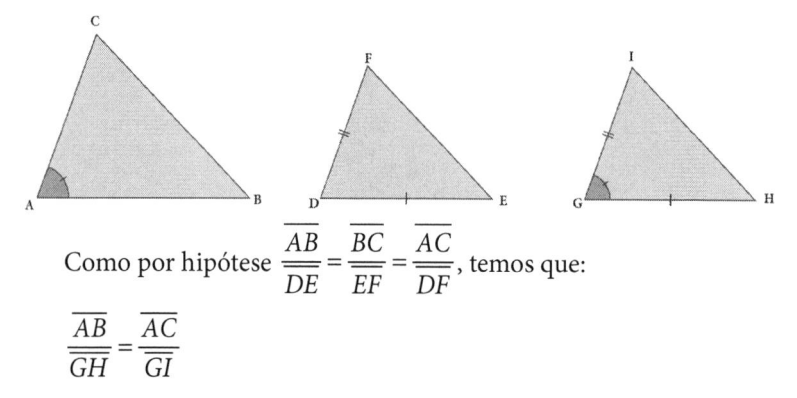

Como por hipótese $\dfrac{\overline{AB}}{\overline{DE}} = \dfrac{\overline{BC}}{\overline{EF}} = \dfrac{\overline{AC}}{\overline{DF}}$, temos que:

$$\dfrac{\overline{AB}}{\overline{GH}} = \dfrac{\overline{AC}}{\overline{GI}}$$

Portanto, os triângulos ABC e GHI são semelhantes (teorema do primeiro caso de semelhança de triângulos).

Da hipótese, decorre também que:

$$\dfrac{\overline{AB}}{\overline{GH}} = \dfrac{\overline{BC}}{\overline{HI}}$$

Logo, $\overline{HI} = \overline{EF}$.

Observe que já tínhamos $\overline{GH} = \overline{DE}$ e $\overline{GI} = \overline{DF}$. Assim, pelo terceiro caso de congruência de triângulos (LLL), concluímos que os triângulos DEF e GHI são congruentes.

Como os triângulos GHI e ABC são semelhantes, temos que ABC e DEF também são semelhantes, concluindo a demonstração do teorema.

5.2.4 Proposição

Em qualquer triângulo retângulo, a altura relativa ao vértice do ângulo reto é a média proporcional entre as projeções dos catetos sobre a hipotenusa.

Vamos à demonstração. Dado um triângulo retângulo com ângulo reto no vértice A, tracemos a altura do vértice A relativa ao lado BC. Considere $a = \overline{BC}$, $b = \overline{AC}$, $c = \overline{AB}$, $h = \overline{AD}$, $m = \overline{DB}$ e $n = \overline{CD}$, conforme a Figura 5.7.

Figura 5.7 – Ilustração da proposição da Seção 5.2.4

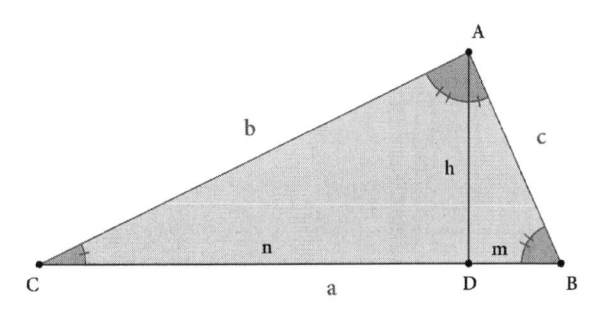

Note que AD é perpendicular a BC, isso significa que os triângulos ABD e ACD são retângulos, com ângulo reto em $\hat{D}$.

No triângulo ABC, cujo ângulo reto é em $\hat{A}$, temos que $\hat{B} + \hat{C} = 90°$ (I).

No triângulo ABD, com ângulo reto em $\hat{D}$, temos que $\hat{B} + B\hat{A}D = 90°$ (II).

De (I) e (II), temos que $\hat{C} = B\hat{A}D$.

Da mesma maneira, no triângulo ACD, com ângulo reto em $\hat{D}$, temos que $\hat{C} + C\hat{A}D = 90°$ (III).

De (I) e (III), temos que $\hat{B} = C\hat{A}D$.

Concluímos, assim, que os triângulos ADB e ACD são semelhantes entre si e também ao triângulo ABC. Dessas semelhanças, podemos deduzir relações entre as medidas a, b, c, h, m e n.

Da semelhança entre os triângulos ABD e CAD, temos que leva A em C, B em A e D em D. Assim:

$$\frac{c}{b} = \frac{m}{h} = \frac{h}{n}$$

Na última igualdade $\frac{m}{h} = \frac{h}{n}$, temos:

$h^2 = m \cdot n$

Isso conclui a demonstração dessa proposição.

5.3 Teorema de Pitágoras

O teorema que será enunciado e demonstrado a seguir é um dos mais importantes e utilizados da geometria euclidiana plana.

Seu nome, *teorema de Pitágoras*, homenageia um grande matemático da Grécia Antiga, **Pitágoras**, que estudou com Tales e, após os 50 anos de idade, fundou a Escola Pitagórica, em Crotona, no sul da Itália, onde ensinava filosofia, aritmética, geometria, música, astronomia, religião e moral.

Sua sabedoria e habilidade em demonstrações matemáticas renderam-no vários discípulos, que eram chamados de *pitagóricos*.

A Escola Pitagórica era extremamente rigorosa. Alguns historiadores dizem que os alunos aceitos nela eram apenas ouvintes, obrigados ao silêncio completo, cabendo a eles apenas ouvir e meditar sobre a doutrina apresentada pelos professores. Após alguns anos, todos os ouvintes colocavam seus bens materiais à disposição da instituição, para uso comum, e, assim, eram considerados matemáticos, conheciam as descobertas mantidas em segredo e participavam dos estudos seguintes.

Devido às suas crenças místicas, tanto Pitágoras como os pitagóricos foram considerados radicais, o que resultou no exílio do filósofo.

A história de Pitágoras é rodeada de mitos: alguns historiadores alegam que a Escola Pitagórica foi queimada em decorrência de suas atividades políticas não condizentes com a vontade dos líderes locais.

Nenhum de seus escritos chegou até nós. As obras encontradas foram descritas por pitagóricos, mas podem conter alterações nas verdadeiras demonstrações de Pitágoras.

Para Barbosa (1995, p. 103), no que diz respeito à matemática, as maiores contribuições dos pitagóricos foram "o desenvolvimento da teoria dos números e a descoberta dos números irracionais. Foram eles que provaram, pela primeira vez, que o número $\sqrt{2}$ é irracional". O décimo livro de Euclides apresenta essa prova.

Saiba mais

Há uma lenda que envolve o teorema de Pitágoras, que será enunciado a seguir, que diz que, ao fazer essa valiosa descoberta para a geometria, o filósofo sacrificou 100 bois aos deuses como prova de sua gratidão. No entanto, é fato histórico que a ideia principal do teorema de Pitágoras já era conhecida no Egito (3000 a.C.) e pelos sumérios e babilônios (2000 a.C. 1000 a.C.). Também há relatos de que a demonstração desse teorema já era conhecida na Grécia em uma época anterior à de Pitágoras.

Segundo o teorema de Pitágoras, em qualquer triângulo retângulo o quadrado do comprimento da hipotenusa é igual à soma dos quadrados dos comprimentos dos catetos.

Vamos à demonstração. Seja um triângulo ABC com ângulo reto no vértice $\hat{A}$, $a = \overline{BC}$, $b = \overline{AC}$, $c = \overline{AB}$, $h = \overline{AD}$, $m = \overline{BD}$ e $n = \overline{CD}$. Vamos traçar a altura do vértice A relativa ao lado BC, como mostra a Figura 5.9.

Figura 5.8 – Triângulo ABC de altura AD

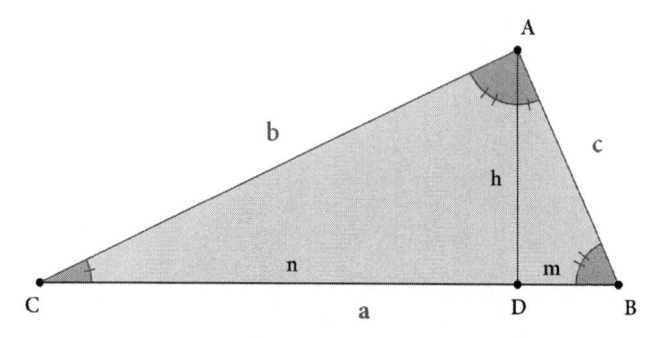

Da semelhança entre os triângulos ABC e DBA ($A \to D$, $B \to B$, $C \to A$), temos que:

$$\frac{a}{c} = \frac{c}{m}$$

$$\therefore$$

$c^2 = am$ (I)

Da semelhança entre os triângulos ABC e DAC ($A \to D$, $B \to A$, $C \to C$), temos que:

$$\frac{a}{b} = \frac{b}{n}$$

$$\therefore$$

$b^2 = an$ (II)

Com as equações (I) e (II), obtemos o seguinte sistema:

$$\begin{cases} c^2 = am \\ b^2 = an \end{cases}$$

Somando (I) e (II), obtemos:

$c^2 + b^2 = am + an$

$c^2 + b^2 = a(m+n)$

Como $m + n = a$, então:

$c^2 + b^2 = a(a)$

$a^2 = b^2 + c^2$

O resultado obtido é a demonstração do teorema de Pitágoras, segundo o qual o quadrado do comprimento da hipotenusa é igual à soma dos quadrados dos comprimentos dos catetos, ou, em notação matemática:

$$a^2 = b^2 + c^2$$

Outra maneira muito utilizada para demonstrar o teorema de Pitágoras é partindo de um quadrado de lado $b + c$, conforme mostra a Figura 5.10. Se somarmos as áreas dos quadrados de lado b (área = b^2) e de lado c (área = c^2), obteremos a área do quadrado da figura da direita (a^2).

Figura 5.9 – Ilustração da demonstração do teorema de Pitágoras

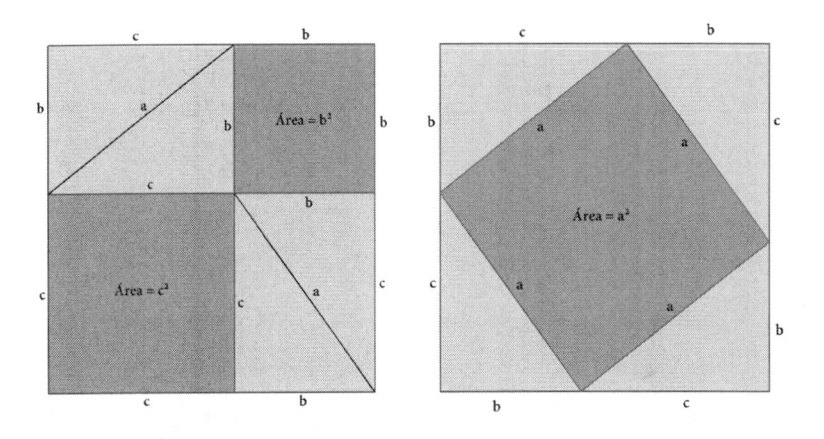

Concluímos, assim, que $a^2 = b^2 + c^2$.

O teorema de Pitágoras também pode ser visualizado com quadriculados ao desenharmos um triângulo retângulo pitagórico, ou seja, com dimensões 3, 4 e 5, e ao traçarmos um quadrado sobre os lados desse triângulo. Observe a Figura 5.11.

Figura 5.10 – Ilustração do teorema de Pitágoras

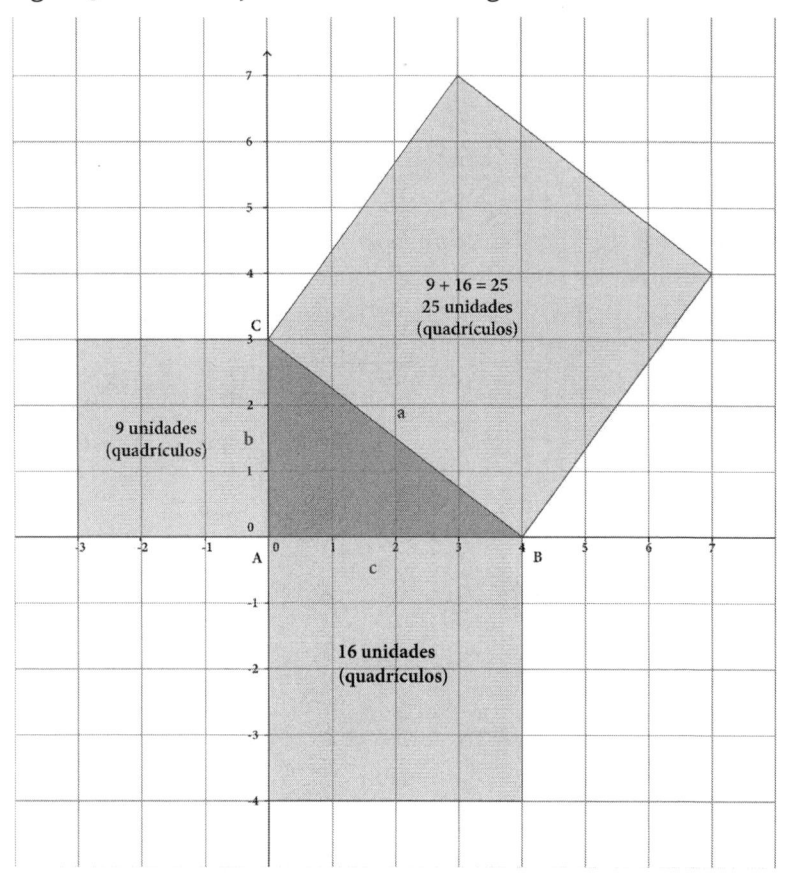

Além dessas demonstrações do teorema de Pitágoras, há outras possíveis, como pela transposição de áreas, pela equivalência de áreas, pela fórmula de Heron, por meio da bissetriz de um ângulo ou uma circunferência etc.

Indicação cultural

SANTOS, A. M. Q. dos; SANTOS, F. H. da C.; OLIVEIRA, R. M. de. **Teorema de Pitágoras**: demonstrações. 59 f. Monografia (Graduação em Matemática) – Departamento de Educação a Distância, Universidade Federal do Amapá, Macapá, 2015. Disponível em: <http://www2.unifap.br/matematicaead/files/2016/03/TCC-REVISADO.pdf>. Acesso em: 17 nov. 2016.

O trabalho de conclusão de curso desenvolvido por Ana Maria Quaresma dos Santos, Fábio Henrique da Costa Santos e Reinaldo Melo de Oliveira traz diversas demonstrações do teorema de Pitágoras, tanto no campo geométrico como no campo algébrico. Ele apresenta demonstrações interessantes realizadas por estudiosos e matemáticos famosos, como Bhaskara, Leonardo da Vinci, Euclides, George Pólya, Presidente James Abram Garfield, Henry Erigal, Liu Hui, Nasir-Ed-Din, entre outros.

5.3.1 Proposição

Dado um triângulo com lados que medem a, b e c, se $a^2 = b^2 + c^2$, então o triângulo é retângulo e sua hipotenusa é o lado que mede a. Essa proposição é a **recíproca** do teorema de Pitágoras.

Vamos à demonstração. Sejam o triângulo ABC com ângulo reto em $\hat{A}$, $\overline{AB} = C$, $\overline{AC} = b$, $\overline{BC} = a$ e o triângulo DEF, com ângulo reto em $\hat{D}$, $\overline{DE} = \overline{AB}$, $\overline{DF} = \overline{AC}$, $\overline{EF} = \overline{BC}$, conforme exemplifica a Figura 5.12.

Figura 5.11 – Ilustração da recíproca do teorema de Pitágoras

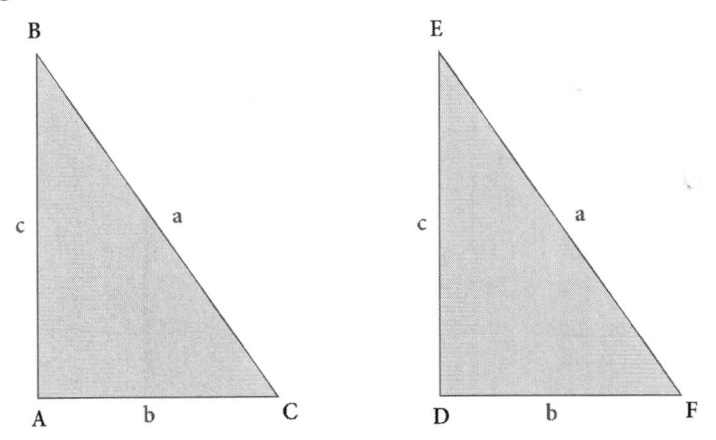

Pelo teorema de Pitágoras, a hipotenusa mede $\overline{EF} = \sqrt{b^2 + c^2}$. Observe que os triângulos ABC e DEF são congruentes pelo caso LLL. Assim, o triângulo retângulo ABC é retângulo e sua hipotenusa mede a.

Esse teorema pode ser utilizado em diversas aplicações no cotidiano, principalmente nos cálculos de dimensões inacessíveis. Vejamos um exemplo.

Imagine que, na época do Natal, os moradores de determinado prédio planejam enfeitá-lo com faixas luminosas e precisam descobrir quantos metros dessa faixa devem comprar. A ideia é colocá-las no topo do prédio e amarrá-las em estacas cravadas no chão, a uma distância de 7 m da base do prédio, conforme representado na Figura 5.13.

Figura 5.12 – Medidas do prédio

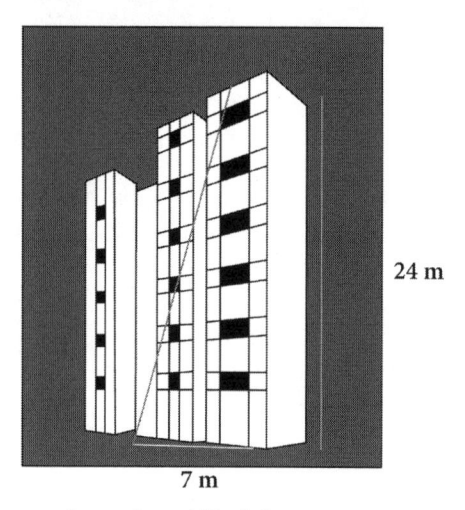

Sabendo que a altura do prédio é de 24 m e que os moradores desejam colocar 10 faixas iguais, quantos metros de faixa serão utilizados?

Vamos à resolução. Como o prédio forma um ângulo reto com o chão, visualizamos um triângulo retângulo cuja hipotenusa é o comprimento da faixa luminosa (a), os catetos são a altura do prédio (b) e a distância da base do prédio à estaca é representada por (c).

Assim:

$a^2 = 24^2 + 7^2$

$a^2 = 576 + 49$

$a = \sqrt{625}$

$a \cong 25$

Cada faixa luminosa deve ter 25 m. Como os moradores querem 10 faixas, então serão necessários 250 m de faixas luminosas para enfeitar o prédio.

Síntese

Iniciamos este capítulo com o estudo dos três casos de semelhança de triângulos e suas demonstrações. Em seguida, mostramos como determinar a altura de um triângulo retângulo.

Apresentamos também um breve histórico de Pitágoras e suas contribuições para a matemática da Grécia Antiga, assim como o teorema de Pitágoras e sua recíproca. Vimos, ainda, que, embora estudos históricos afirmem que o teorema de Pitágoras era conhecido antes mesmo da época de Pitágoras, ele recebeu seu nome em homenagem às inúmeras contribuições fornecidas pelo filósofo e matemático.

Atividades resolvidas

1. Dados os triângulos ABC e DEF, mostre que $\dfrac{\overline{BC}}{\overline{EF}} = \dfrac{\overline{AC}}{\overline{DF}}$:

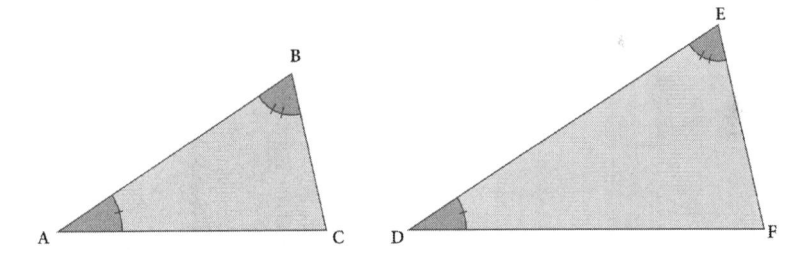

Resolução:

Sabemos que a soma dos ângulos internos de um triângulo é 180°. Se $\hat{A} = \hat{D}$ e $\hat{B} = \hat{E}$, então $\hat{C} = \hat{F}$. Devemos, agora, provar que os lados correspondentes dos dois triângulos são proporcionais. Para isso, vamos marcar um ponto H na semirreta S_{DF}, de modo que $HF = AC$, e pelo ponto H traçaremos uma reta paralela ao segmento DE.

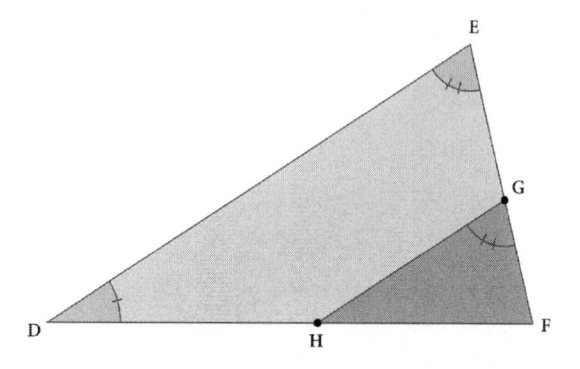

A reta paralela formada corta a semirreta S_{EF} em um ponto G e forma o triângulo HGF, que é congruente ao triângulo ABC, afinal, $\hat{A} = \hat{D}$, $\hat{B} = \hat{E} = F\hat{G}H$ e $AC = HF$. Assim, $\dfrac{\overline{GF}}{\overline{EF}} = \dfrac{\overline{HF}}{\overline{DF}}$.

Como $HF = AC$ e $GF = BC$, temos que:

$\dfrac{\overline{BC}}{\overline{EF}} = \dfrac{\overline{AC}}{\overline{DF}}$

2. Qual é a medida da hipotenusa de um triângulo retângulo cujos catetos medem 1 m cada?

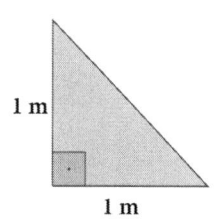

Resolução:

Pelo teorema de Pitágoras, o quadrado da hipotenusa é igual à soma dos quadrados dos catetos. Assim, se chamarmos a hipotenusa de a, temos:

$a^2 = 1^2 + 1^2$
$a^2 = 1 + 1$
$a^2 = \sqrt{2}$
$a = \sqrt{2}$

Logo, a hipotenusa desse triângulo mede $\sqrt{2}$ m.

3. Demonstre que dois triângulos equiláteros são sempre semelhantes:

Resolução:

Sejam os triângulos equiláteros ABC e DEF. Sabe-se que os ângulos internos de um triângulo medem 180° e como um triângulo equilátero tem os três ângulos iguais, cada ângulo interno mede 60°.

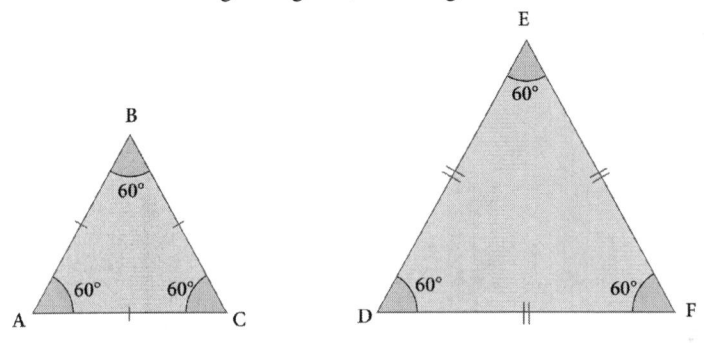

Como os ângulos de ABC são iguais aos ângulos de DEF, tem-se que os triângulos ABC e DEF são semelhantes.

4. Dado o triângulo retângulo ABC, com ângulo reto em Â, e o quadrado ADEF, com AC = 5 cm e AB = 8 cm, quanto mede o lado do quadrado?

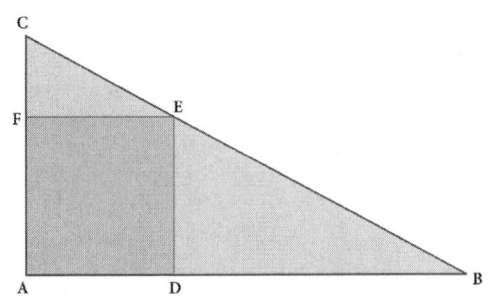

Resolução:

Observe que os triângulos ABC e FEC são semelhantes (caso AAA). Vamos chamar o lado do quadrado de L, assim, AD = DE = EF = AF = L.

Temos que:

AC = 5, L = 5 − CF, CF = 5 − L

AB = 8, L = 8 − BD, BD = 8 − L

Aplicando as razões de semelhança, temos que:

$$\frac{AB}{EF} = \frac{AC}{CF}$$

$$\frac{8}{L} = \frac{5}{5-L}$$

$$5L = 8(5-L)$$

$$5L = 40 - 8L$$

$$13L = 40$$

$$L = \frac{40}{13}$$

Logo, o lado do quadrado mede $\frac{40}{13}$ cm.

ATIVIDADES DE AUTOAVALIAÇÃO

1. Assinale a alternativa correta:

   a) Dados dois triângulos ABC e DEF, se $\hat{A} = \hat{D}$ e $\hat{B} = \hat{E}$, então os triângulos ABC e DEF são semelhantes.

   b) Dois triângulos ABC e DEF são semelhantes se $\hat{A} = \hat{D}$ e $\frac{\overline{AC}}{\overline{DF}} = \frac{\overline{AB}}{\overline{DE}}$.

   c) Dados dois triângulos ABC e DEF, se $\frac{\overline{AB}}{\overline{DE}} = \frac{\overline{BC}}{\overline{EF}} = \frac{\overline{AC}}{\overline{DF}}$, então os dois triângulos são semelhantes.

   d) Todas as alternativas estão corretas.

2. Dados os triângulos ABC e GHI, analise as afirmativas a seguir:

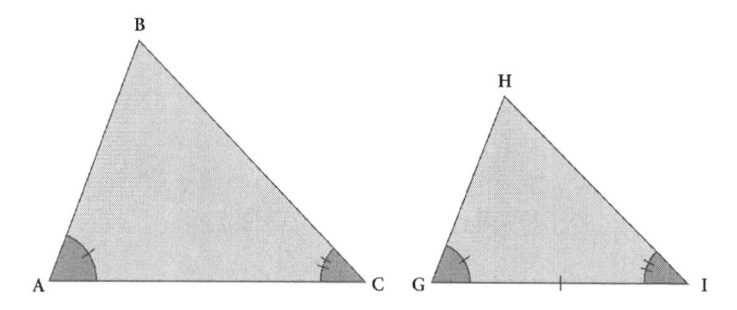

I. ABC e GHI são semelhantes, pois seus lados são congruentes.

II. ABC e GHI são semelhantes, pois há dois ângulos correspondentes congruentes.

III. $\dfrac{AC}{GI} = \dfrac{AB}{GH}$, ou seja, o segmento AC está para GI assim como o segmento AB está para GH.

IV. ABC e GHI não são semelhantes, pois nenhum de seus lados é congruente.

Está(ão) correta(s) apenas:

a) as alternativas I, II e III.

b) a alternativa II.

c) as alternativas II e III.

d) a alternativa IV.

3. Em um campo de golfe foram feitas marcas no chão com estacas de madeira, e cada marca foi indicada por uma letra, conforme mostra a figura.

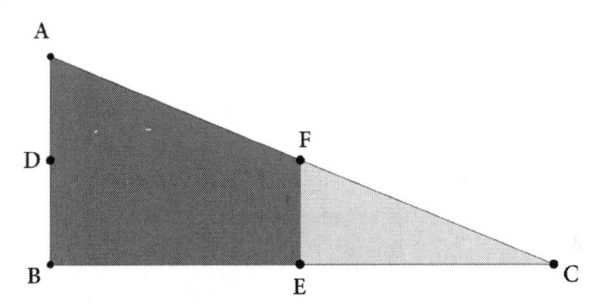

Observe que as estacas indicadas pelas letras A, B e C compõem os vértices de um triângulo retângulo, e as estacas D, E e F correspondem aos pontos médios dos lados desse triângulo. A intenção é diferenciar as áreas ABEF e CEF com grama verde-clara e verde-escura. Assim, podemos afirmar que:

a) a quantidade de grama verde-escura a ser comprada deve ser igual à quantidade de grama verde-clara.

b) a quantidade de grama verde-escura a ser comprada deve ser o dobro da quantidade de grama verde-clara.

c) a quantidade de grama verde-escura a ser comprada deve ser o triplo da quantidade de grama verde-clara.

d) a quantidade de grama verde-escura a ser comprada deve ser o quádruplo da quantidade de grama verde-clara.

4. No triângulo ABC, $\overline{AB} = 5$, $\overline{AC} = 5$, $\overline{BC} = 5\sqrt{2}$. Qual é a medida dos ângulos desse triângulo?

a) $\hat{A} = 90°, \hat{B} = 45°, \hat{C} = 60°$.
b) $\hat{A} = 90°, \hat{B} = 45°, \hat{C} = 45°$.
c) $\hat{A} = 60°, \hat{B} = 60°, \hat{C} = 60°$.
d) $\hat{A} = 45°, \hat{B} = 45°, \hat{C} = 90°$.

5. Quais enunciados sobre o teorema de Pitágoras estão corretos?

I. Em qualquer triângulo retângulo, o quadrado do comprimento da hipotenusa é igual à soma dos quadrados dos comprimentos dos catetos.

II. Em qualquer triângulo, o quadrado do comprimento da hipotenusa é igual à soma dos quadrados dos comprimentos dos catetos.

III. Em um triângulo retângulo, o quadrado da medida da hipotenusa é igual à soma dos quadrados das medidas dos catetos.

IV. Em um triângulo retângulo, a soma dos quadrados dos comprimentos dos catetos é igual ao quadrado do comprimento da hipotenusa.

a) Os enunciados I e III estão corretos.
b) Os enunciados II e IV estão corretos.
c) Os enunciados I, III e IV estão corretos.
d) Todos os enunciados estão corretos.

ATIVIDADES DE APRENDIZAGEM

Questões para reflexão

1. Analise a seguinte afirmação: "Ao ligarmos os pontos médios de um triângulo isósceles, teremos um outro triângulo isósceles". Isso ocorre em todos os triângulos isósceles?

2. Por que o teorema de Pitágoras é tão importante e utilizado até os dias atuais?

Atividade aplicada: prática

Dados dois triângulos equiláteros quaisquer, demonstre que são semelhantes.

Círculo e polígonos regulares

Os círculos e polígonos regulares são comumente utilizados na geometria e contam com várias aplicações no cotidiano. Para que você possa compreender melhor esse conteúdo, neste capítulo apresentaremos definições e demonstrações que envolvem as propriedades dessas formas.

Iniciaremos com definições e elementos do círculo, expondo as diferenças entre corda, raio e diâmetro. Veremos também o que são e como representar as retas tangentes ao círculo e seu ponto de tangência.

Além disso, mostraremos casos de congruência de cordas e arcos centrais nos círculos, assim como seus ângulos inscritos e medidas.

Também estudaremos os casos de polígonos inscritos e demonstraremos que todo triângulo está inscrito em um círculo, inclusive que dados três pontos não colineares é possível determinar o círculo no qual ele está inscrito.

Por fim, veremos que todos os polígonos regulares estão inscritos em um círculo e que em todo polígono regular há um círculo inscrito.

Antes de apresentar as definições do círculo e seus elementos, precisamos nos lembrar de que círculo e circunferência diferenciam-se somente pelo fato de que o círculo é limitado pela circunferência.

6.1 Círculo: definições e elementos

No Capítulo 1, definimos o círculo de centro A e raio r como o conjunto de todos os pontos B do plano que ligam A a B (comprimento r), tal que A é um ponto do plano e r é um número real maior que zero, conforme mostra a Figura 6.1.

Figura 6.1 – Círculo de centro A *e raio* r

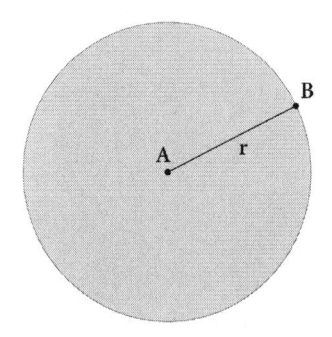

Raio pode ser definido como o comprimento que une o centro do círculo a qualquer um de seus pontos.

Um segmento que une dois pontos do círculo, como o apresentado na Figura 6.2 (segmento BC), é chamado de *corda*.

Figura 6.2 – Corda BC

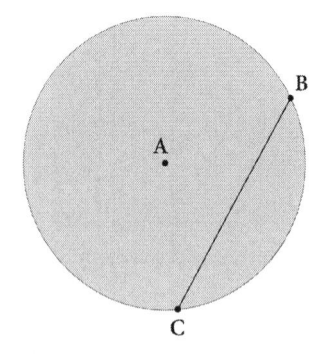

Geometria euclidiana

Diâmetro pode ser definido como uma corda que passa pela origem. Na Figura 6.3, ele está representado pelo segmento DE.

Figura 6.3 – Diâmetro DE

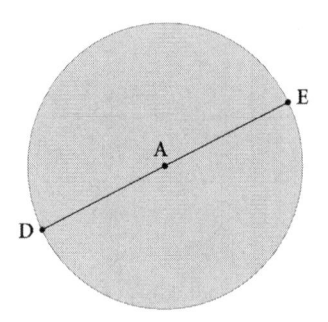

Observe que o diâmetro equivale a dois raios (Figura 6.4). Assim, o diâmetro pode ser definido por 2r.

Figura 6.4 – Medida do diâmetro

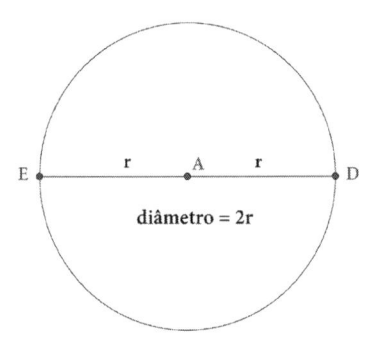

6.2 Círculo: medidas e complementos

Vejamos, agora, as proposições relacionadas às medidas e aos complementos do círculo.

6.2.1 Proposição

Um raio é perpendicular a uma corda, que não é um diâmetro, se, e somente se, o raio dividir a corda em dois segmentos de mesmo comprimento.

Vejamos a demonstração. Considere uma circunferência de centro O e um raio OC perpendicular à corda AB, como na Figura 6.5.

Seja D o ponto de interseção entre a corda AB e o raio OC. Como $\overline{OA} = \overline{OB} = raio$, o triângulo OAB é **isósceles** com base AB. Assim, $D\hat{A}O = D\hat{B}O$.

Sendo AB perpendicular a OC, temos que os ângulos $A\hat{D}O$ e $B\hat{D}O$ são retos e que $A\hat{D}O = B\hat{D}O$. Desse modo, pelo caso LAL, os triângulos ADO e BDO são **congruentes** e, como consequência, AD = BD. Reciprocamente, se AD = BD, pelo caso LLL, os triângulos ADO e BDO são **congruentes** e $A\hat{D}O = B\hat{D}O$. Como $A\hat{D}O + B\hat{D}O = 180°$, concluímos que $A\hat{D}O = B\hat{D}O = 90°$, ou seja, o raio OC é perpendicular à corda AB.

Figura 6.5 – Círculo de centro O

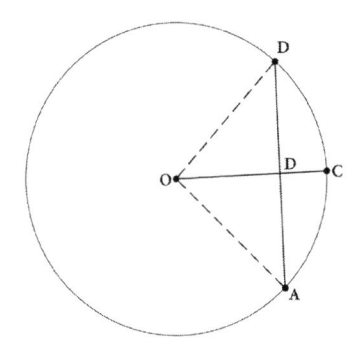

Para enunciar a próxima proposição, é necessário definirmos *reta tangente* e *ponto de tangência*.

Reta tangente a um círculo é uma reta que apresenta um único ponto em comum com esse círculo, o qual é chamado de *ponto de tangência*.

Na Figura 6.6, temos uma circunferência de centro O e uma reta r que o tangencia no ponto T, sendo esse o único ponto pertencente à reta r e à circunferência.

Figura 6.6 – Reta r tangente ao ponto T

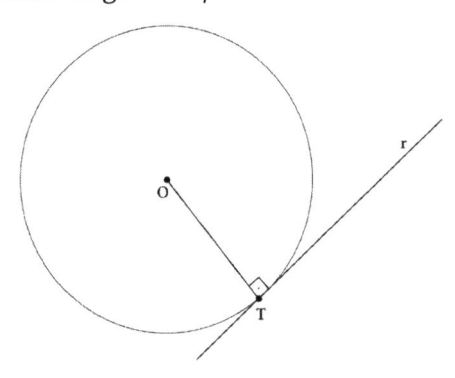

6.2.2 Proposição

Uma reta é tangente a um círculo se, e somente se, for perpendicular ao raio que liga o centro ao ponto de tangência.

Vamos, agora, à demonstração. Seja r uma reta tangente a um círculo de centro O e T o ponto de tangência. Considere P o pé da perpendicular baixada de O à reta r. Vamos provar que P e T coincidem. Para isso, vamos supor, por absurdo, que P e T são pontos distintos, como na Figura 6.7. Desse modo, OPT é um triângulo retângulo com ângulo reto em P e hipotenusa OT. Assim, $\overline{OT} > \overline{OP}$. Como OT é um raio e esse segmento é maior que OP, então P é um ponto que está dentro da circunferência.

Figura 6.7 – Ilustração da demonstração da proposição da Seção 6.2.2 (A)

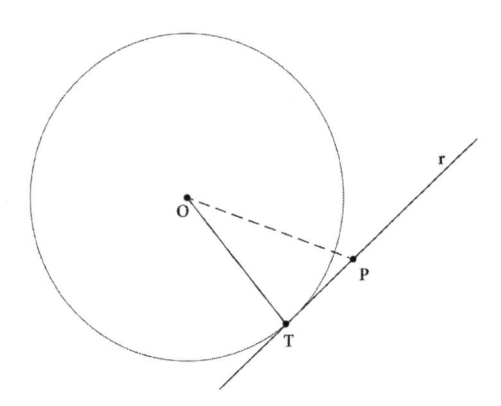

Considere outro ponto T' ($T' \neq T$) sobre a reta r, de modo que $PT = PT'$, conforme mostra a Figura 6.8. Pelo caso LAL, os triângulos OPT e OPT' são congruentes e $OT = OT'$. No entanto, T' é outro ponto da reta r que pertence à circunferência, o que contradiz o fato de a reta r ser tangente à circunferência (uma reta tangente deve ter um único ponto em comum com o círculo). Assim, chegamos a uma contradição. Logo, P e T coincidem, demonstrando a proposição.

Figura 6.8 – Ilustração da demonstração da proposição da Seção 6.2.2 (B)

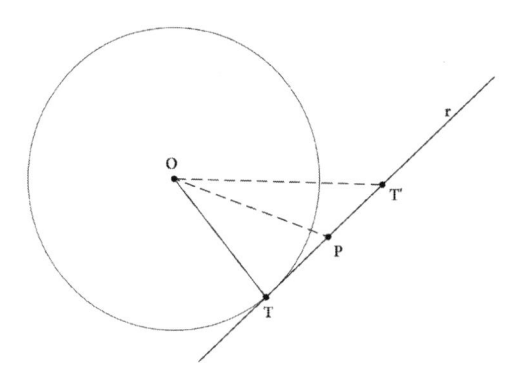

6.2.3 Proposição

Se uma reta é perpendicular a um raio em sua extremidade, então essa reta é tangente ao círculo (*extremidade do raio* é o nome dado à extremidade do raio que não é o centro do círculo).

Vejamos a demonstração dessa proposição. Sejam a circunferência de centro O e uma reta r perpendicular ao raio OT, que contém T, de acordo com o que mostra a Figura 6.9.

Figura 6.9 – Reta r tangente ao ponto T

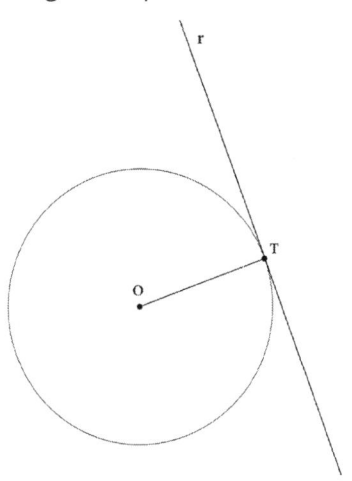

Devemos provar que *r* é tangente à circunferência, sendo *T* o único ponto em comum da reta *r* com a circunferência. Para isso, vamos considerar *P* outro ponto da reta *r*, conforme a Figura 6.10. Assim, temos um triângulo retângulo *OTP*, sendo *OP* a hipotenusa. Logo, $\overline{OP}^2 = \overline{OT}^2 + \overline{TP}$. Concluímos, assim, que *OP* > *OT*, ou seja, *P* está fora da circunferência. Isso ocorre para qualquer outro ponto da reta *r*, o que conclui a demonstração.

Figura 6.10 – Reta r tangente ao ponto T

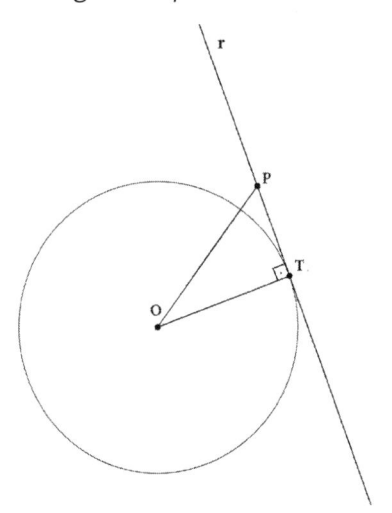

Agora, considere *A* e *B* dois pontos pertencentes a uma circunferência de centro *O* e a reta que passa por esses dois pontos. Essa reta separa o plano em dois semiplanos, cada qual contendo uma parte da circunferência. Essas partes são chamadas de *arcos* determinados pelos pontos *A* e *B*.

Quando *A* e *B* são extremidades de um diâmetro, os arcos denominam-se *semicírculos*, conforme mostra a Figura 6.11.

Figura 6.11 – Semicírculos

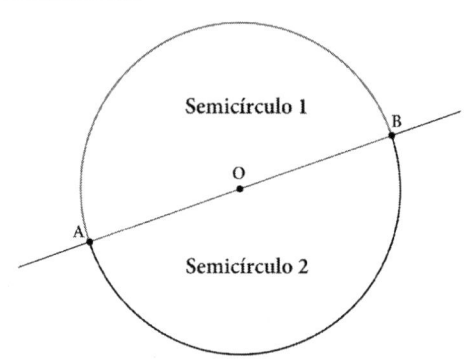

Quando a corda *AB* não é um diâmetro, o centro *O* fica em um dos semiplanos determinados pela reta *AB*. O arco que se localiza no mesmo semiplano que *O* é denominado *arco maior*, e o arco que fica no outro semiplano é chamado de *arco menor*.

Figura 6.12 – Arco maior e arco menor

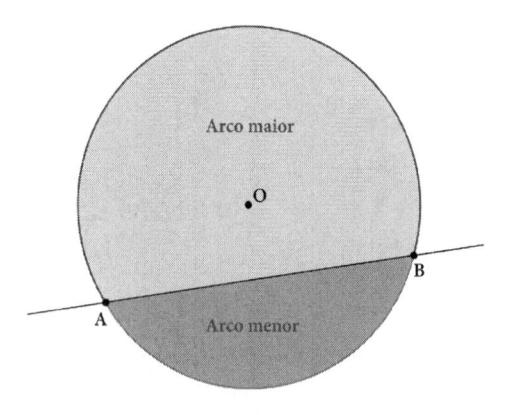

Observe que os raios que ligam o centro do círculo ao arco maior não interceptam a corda AB (Figura 6.13).

Figura 6.13 – Arcos maiores

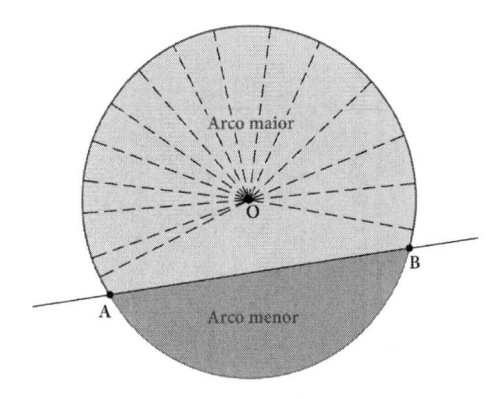

Já os raios que ligam o centro do círculo ao arco menor interceptam a corda AB (Figura 6.14).

Figura 6.14 – Arcos menores

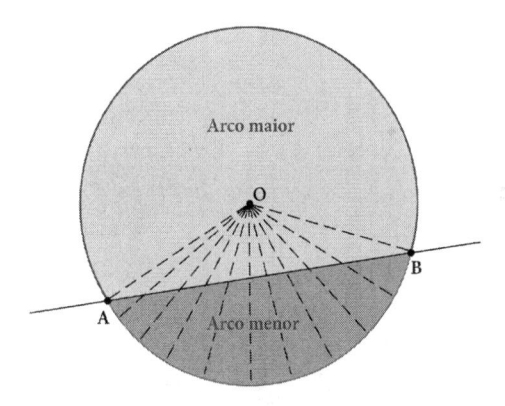

Sendo O o centro do círculo, então $A\hat{O}B$ é denominado *ângulo central*. A medida do arco menor, em graus, é a medida do ângulo central $A\hat{O}B$. A medida do arco maior, em graus, é dada por 360° $(A\hat{O}B)$. Quando AB é o diâmetro, a medida de cada arco é 180°, conforme mostra a Figura 6.15.

Figura 6.15 – Ângulo central

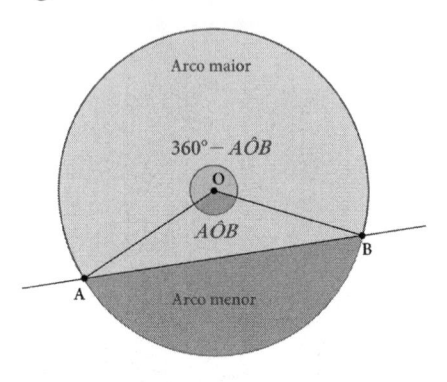

6.2.4 Proposição

Dado um mesmo círculo, ou círculos de mesmo raio, as cordas congruentes determinam ângulos centrais congruentes e, reciprocamente, ângulos centrais congruentes determinam cordas congruentes.

Sejam um círculo de centro O e duas cordas AB e CD, tais que $\overline{AB} = \overline{CD}$, conforme a Figura 6.16. No triângulo OAB, temos $\overline{OA} = \overline{OB} = raio$. Do mesmo modo, $\overline{OC} = \overline{OD} = raio$. Assim, pelo caso LLL, os triângulos OAB e OCD são **congruentes**. Logo, $A\hat{O}B = C\hat{O}D$.

Para demonstrar a segunda parte da proposição, vamos supor que $A\hat{O}B = C\hat{O}D$. Como $\overline{OA} = \overline{OC}$ e $\overline{OB} = \overline{OD}$, temos, pelo caso LAL, que os triângulos OAB e OCD são **congruentes**. Logo, $\overline{AB} = \overline{CD}$.

Figura 6.16 – Ilustração da proposição 6.2.4

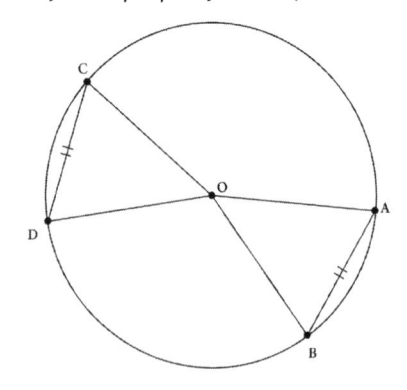

6.2.5 Definição de ângulo inscrito

Um ângulo é inscrito em um círculo se seu vértice A é um ponto do círculo e seus lados interceptam o círculo em pontos B e C distintos do vértice A (Figura 6.17).

Figura 6.17 – Ângulos inscritos

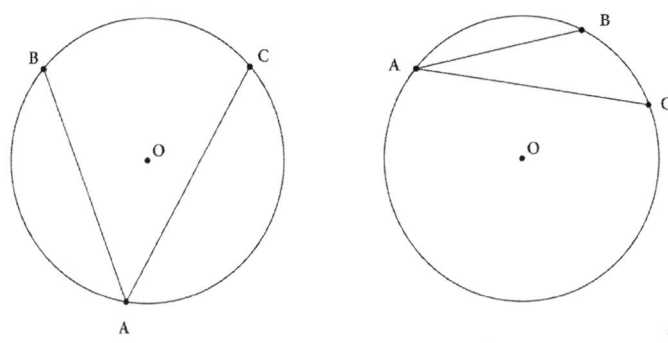

O arco que não contém o ponto A é denominado *arco correspondente* ao ângulo inscrito dado. Dizemos também que o ângulo **subtende** o arco.

6.2.6 Proposição

Todo ângulo inscrito em um círculo tem a metade da medida do arco correspondente.

Para essa demonstração, temos de considerar três casos distintos:

I. Um dos lados do ângulo inscrito é um diâmetro.

II. O diâmetro divide o ângulo inscrito.

III. O diâmetro não divide o ângulo inscrito.

Vejamos caso a caso.

Caso (I)

Sejam A o vértice do ângulo inscrito e B e C os pontos em que seus lados interceptam o círculo, conforme Figura 6.18. Suponhamos que o centro O pertença ao lado AB, sendo esse lado o diâmetro do círculo – observe que a medida do arco correspondente ao ângulo inscrito é a medida do ângulo $B\hat{O}C$.

Figura 6.18 – Ilustração do caso (I)

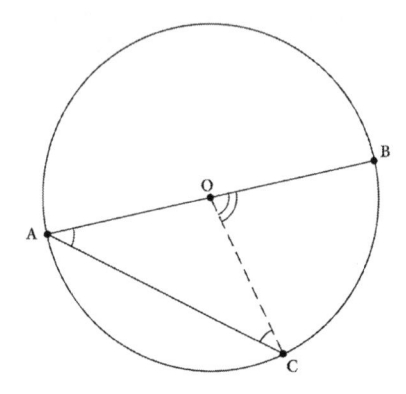

Como $\overline{AO} = \overline{CO}$ (raio do círculo), o triângulo AOC é isósceles e $O\hat{A}C = O\hat{C}A$. Assim, $B\hat{O}C = O\hat{A}C + O\hat{C}A = 2 \cdot B\hat{A}C$, demonstrando a proposição.

Caso (II)

Consideremos que o diâmetro divide o ângulo inscrito $B\hat{A}C$, conforme exemplifica a Figura 6.19. Para isso, tracemos o diâmetro que passa pelo vértice A do ângulo inscrito e chamemos de D a outra extremidade desse diâmetro. Pelo primeiro caso, concluímos que $B\hat{O}D = 2 \cdot B\hat{A}D$ e que $D\hat{O}C = 2 \cdot D\hat{A}C$.

Como $B\hat{A}C = B\hat{A}D + D\hat{A}C$, temos que:

$$B\hat{A}C = B\hat{A}D + D\hat{A}C$$
$$B\hat{A}C = \frac{1}{2} \cdot B\hat{O}D + \frac{1}{2} D\hat{O}C$$
$$B\hat{A}C = \frac{1}{2} \cdot \left(B\hat{O}D + D\hat{O}C\right)$$
$$B\hat{A}C = \frac{1}{2} \cdot B\hat{O}C$$

Portanto, o ângulo $B\hat{A}C$ é metade do ângulo $B\hat{O}C$.

Figura 6.19 – Ilustração do caso (II)

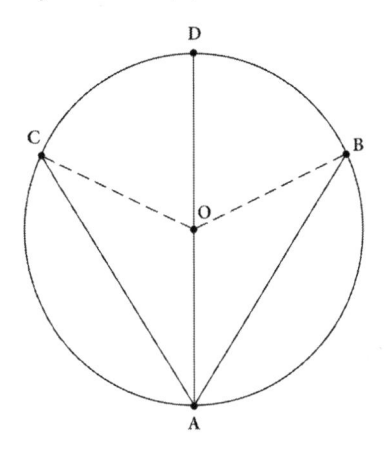

Caso (III)

Nesse caso, devemos considerar que o diâmetro não divide o ângulo inscrito $B\hat{A}C$, conforme a Figura 6.20. Traçando o diâmetro que passa pelo vértice A, e chamando de D a extremidade desse diâmetro, temos duas situações a considerar:

I. AC divide o ângulo $B\hat{A}D$;

II. AB divide o ângulo $C\hat{A}D$;

Para demonstrar o caso (I), considere a Figura 6.20, em que o diâmetro é o segmento AD e AC divide o ângulo $B\hat{A}D$.

Figura 6.20 – Ilustração do caso (III)

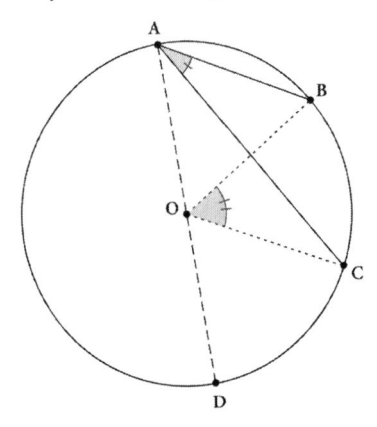

Assim, $B\hat{A}D = B\hat{A}C + C\hat{A}D$. Logo,

$$B\hat{A}C = B\hat{A}D - C\hat{A}D$$
$$B\hat{A}C = \frac{1}{2} \cdot B\hat{O}D - \frac{1}{2} C\hat{O}D$$
$$B\hat{A}C = \frac{1}{2} \cdot \left(B\hat{O}D - C\hat{O}D \right)$$
$$B\hat{A}C = \frac{1}{2} B\hat{O}C$$

Demonstramos que $B\hat{A}C$ tem exatamente a metade da medida de seu arco correspondente $B\hat{O}C$. Se AB divide o ângulo $C\hat{A}D$, a demonstração é análoga.

6.2.7 Corolário

Ângulos inscritos que subtendem um mesmo arco têm a mesma medida. Em particular, ângulos inscritos que subtendem um semicírculo são retos.

Observamos que, nessa situação, cada ângulo inscrito está associado ao mesmo ângulo central, conforme a Figura 6.21.

Figura 6.21 – Ilustração do corolário da Seção 6.2.7

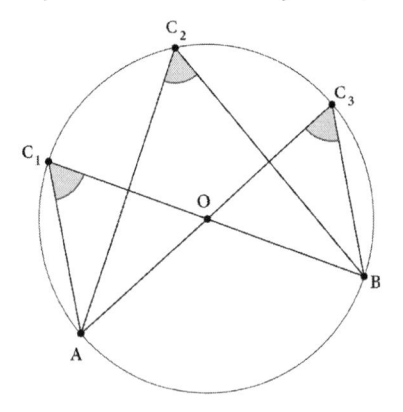

No caso citado como particular, observe que ângulos que subtendem um semicírculo são retos, como na Figura 6.22.

Geometria euclidiana

Figura 6.22 – Ângulo BÂC

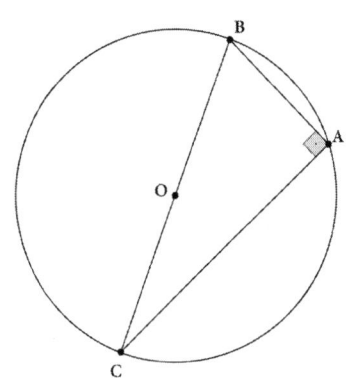

6.2.8 Proposição

Se AB e CD são cordas distintas de um mesmo círculo que se interceptam em um ponto P, então $\overline{AP} \cdot \overline{PB} = \overline{CP} \cdot \overline{PD}$.

A Figura 6.23 exemplifica essa proposição.

Figura 6.23 – Ilustração da proposição da Seção 6.2.8 (A)

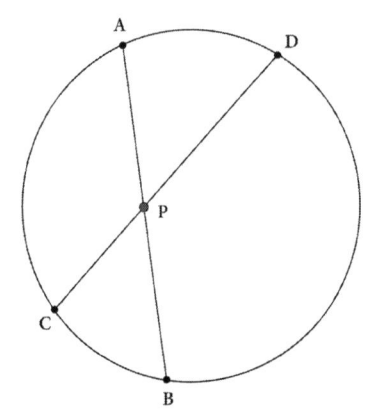

Observe, conforme mostra a Figura 6.24, que nos triângulos APD e BPC temos:

$A\hat{P}D = B\hat{P}C$ (ângulos opostos ao vértice)

$P\hat{A}D = P\hat{C}B$ (ângulo inscritos que subtendem o mesmo arco)

$\therefore A\hat{D}P = C\hat{B}P$

Assim, os triângulos APD e BPC são semelhantes e a semelhança leva A em C, P em P e D em B.

Logo, $\dfrac{\overline{AP}}{\overline{CP}} = \dfrac{\overline{PD}}{\overline{PB}} \Rightarrow \overline{AP} \cdot \overline{PB} = \overline{CP} \cdot \overline{PD}.$

Figura 6.24 - Ilustração da proposição da Seção 6.2.8 (B)

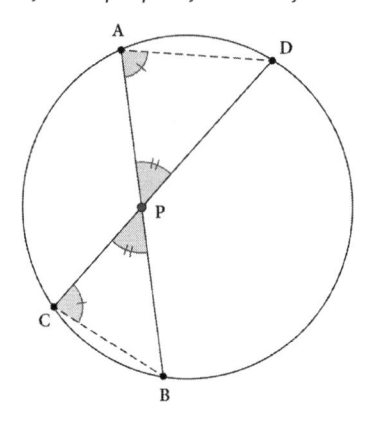

6.2.9 PROPOSIÇÃO

Se os dois lados de um ângulo de vértice P são tangentes a um círculo de centro O nos pontos A e B, então:

a. a medida de $A\hat{P}B$ é 180° menos a medida do arco menor determinado por A e B, ou seja, $A\hat{P}B = 180° - A\hat{O}B$;

b. a distância do ponto P até A é a mesma do ponto P a B, isto é, $\overline{PA} = \overline{PB}$.

Vamos à demonstração. Sejam AP e BP segmentos pertencentes a retas tangentes ao círculo de centro O (Figura 6.25), no quadrilátero OAPB, temos que $\hat{A} = \hat{B} = 90°$ e $\hat{A} + \hat{B} = 180°$. Como a soma dos ângulos internos de um quadrilátero é 360°, então $\hat{P} + \hat{O} = 180°$, ou seja, $\hat{P} = 180° - \hat{O}$, demonstrando a primeira parte da proposição.

Para demonstrarmos a segunda parte, vamos considerar o segmento OP e comparar os triângulos OAP e OBP.

Assim:

$O\hat{A}P = O\hat{B}P = 90°$

$\overline{OP}$ é um lado comum aos dois triângulos (hipotenusa)

$\overline{OA} = \overline{OB} = raio$

Pelo teorema da Seção 3.3.2, os triângulos são congruentes, e, desse modo, $\overline{PA} = \overline{PB}$, demonstrando a segunda parte da proposição.

Figura 6.25 – Ilustração da proposição da Seção 6.2.9

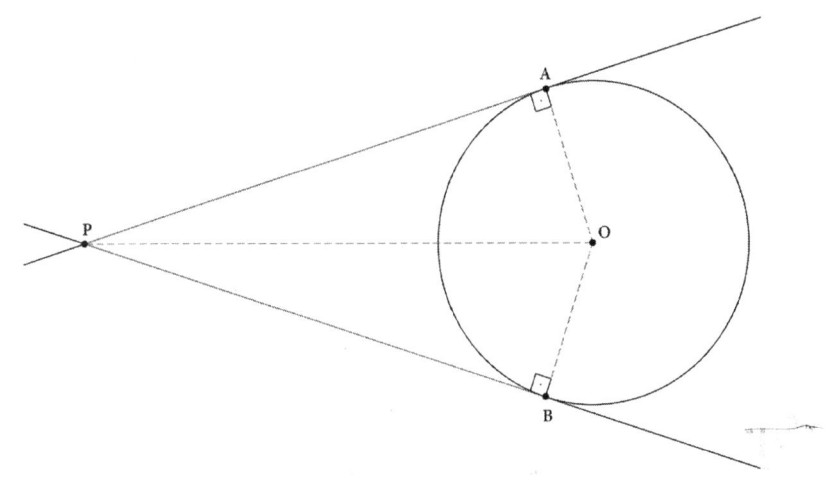

Observação: dizemos que um polígono está inscrito em um círculo se seus vértices pertencem ao círculo.

6.2.10 PROPOSIÇÃO

Todo triângulo está inscrito em um círculo.

Vejamos a demonstração dessa proposição. Dado um triângulo ABC, para mostrar que ele está inscrito em um círculo, basta encontrarmos um ponto equidistante de A, B e C. Assim, sejam m a mediatriz de AB que passa pelo seu ponto médio M e n a mediatriz de BC que passa pelo seu ponto médio N. Vamos chamar de P o ponto de interseção de m e n. Observe que todo ponto da reta m é equidistante de A e B e que todo ponto da reta n é equidistante de B e C. Logo, o ponto P é equidistante de A, B e C.

Figura 6.26 – Ilustração da proposição da Seção 6.2.10

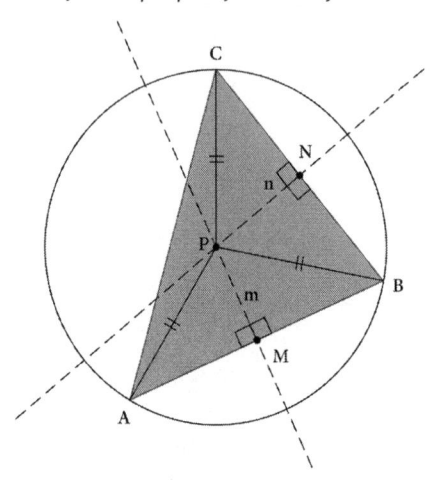

Essa proposição também pode ser enunciada como demonstraremos a seguir.

6.2.11 Proposição

Três pontos não colineares determinam um círculo.

6.2.12 Corolário

As mediatrizes dos lados de um triângulo encontram-se em um mesmo ponto, chamado de *circuncentro* do triângulo.

Observação: vale lembrar que mediatriz é a reta perpendicular a determinado segmento que passa pelo ponto médio desse segmento.

6.2.13 Proposição

Um quadrilátero convexo pode ser inscrito em um círculo se, e somente se, tiver um par de ângulos opostos suplementares.

Vamos supor inicialmente o quadrilátero $ABCD$, que pode ser inscrito em um círculo, conforme mostra a Figura 6.27. Observe que cada um de seus ângulos é inscrito no círculo.

Figura 6.27 – Quadrilátero ABCD

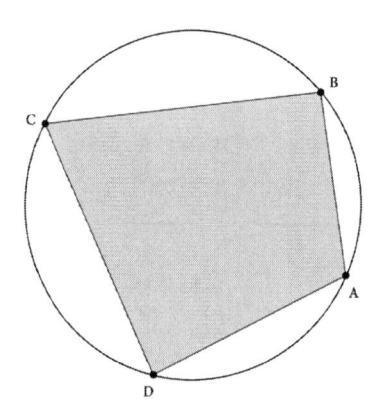

Considere os ângulos $\hat{A}$ e $\hat{C}$, que subtendem os arcos determinados pelos pontos B e D. Como esses dois arcos somam 360°, então a soma dos ângulos $\hat{A}$ e $\hat{C}$ é 180°. Portanto, eles são suplementares.

Agora, vamos supor que o quadrilátero $ABCD$ tem um par de ângulos opostos suplementares. Sabemos que a soma dos ângulos internos de um quadrilátero é 360°, então o outro par de ângulos também será suplementar.

Tracemos um círculo sobre os pontos A, B e C – isso será sempre possível pela proposição da Seção 6.2.11.

Figura 6.28 – Círculo sobre os pontos ABC

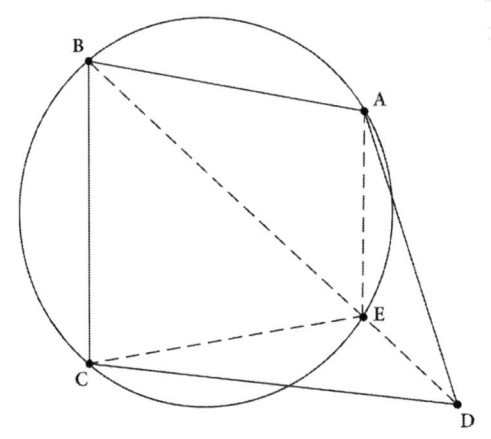

Há três alternativas para o ponto D: ele pode estar **sobre**, **dentro** ou **fora do círculo**. Suponhamos que esteja fora do círculo, conforme mostra a Figura 6.28. Tracemos, então, o segmento BD e chamemos de E o ponto de interseção desse segmento com o círculo. Observe que o quadrilátero $ABCE$ está inscrito no círculo. No entanto, pela primeira parte da proposição, seus ângulos opostos são suplementares. Assim:

$$A\hat{B}C + A\hat{E}C = 180°$$

Por hipótese, temos:

$$A\hat{B}C + A\hat{D}C = 180°$$

Das duas igualdades, concluímos que $A\hat{E}C = A\hat{D}C$. Agora, observe que $A\hat{E}B > A\hat{D}B$ e $B\hat{E}C > B\hat{D}C$ (ângulos externos). Logo:

$$A\hat{E}C = A\hat{E}B + B\hat{E}C > A\hat{D}B + B\hat{D}C = A\hat{D}C$$

Isso mostra uma contradição, pois o ponto D não pode estar fora do círculo. Analogamente, demonstramos que D não pode estar dentro do círculo. Assim, concluímos que D está **sobre** a circunferência.

Antes de enunciarmos a próxima proposição, precisamos definir que um círculo estará inscrito em um polígono se todos os lados do polígono forem tangentes ao círculo. Se isso ocorrer, afirmamos que o **polígono circunscreve o círculo**.

6.2.14 Proposição

Em todo triângulo há um círculo inscrito.

Dado um triângulo ABC, vamos traçar as bissetrizes dos ângulos $\hat{A}$ e $\hat{B}$. Estas se interceptam no ponto D, conforme mostra a Figura 6.29. Desse ponto, baixaremos perpendiculares aos lados do triângulo. Sejam E, F e G os pés das perpendiculares nos lados AC, AB e BC, respectivamente. Devemos provar que $\overline{DE} = \overline{DF} = \overline{DG}$, pois são raios do círculo de centro D. Além disso, como os lados do triângulo ABC são perpendiculares aos raios *DE*, *DF* e *DG*, eles são também tangentes ao círculo de centro *D*. Logo, o círculo está inscrito no triângulo.

Figura 6.29 – *Círculo inscrito no triângulo* ABC

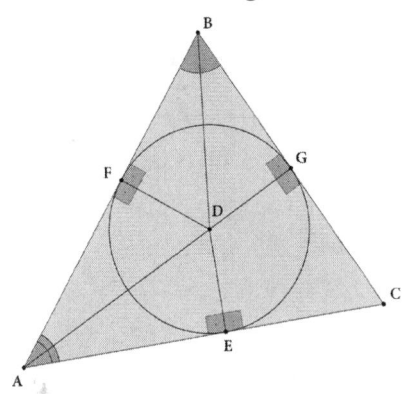

Para provar que $\overline{DE} = \overline{DF} = \overline{DG}$, vamos comparar os triângulos *DGB* e *DFB* e os triângulos *DFA* e *DEA*. Observe que todos os triângulos são retângulos.

Nos triângulos *DGB* e *DFB*, temos $D\hat{B}G = D\hat{B}F$, afinal, *DB* é bissetriz do ângulo $\hat{B}$. Temos também o lado *DB* comum aos dois triângulos. Logo, os triângulos *DGB* e *DFB* são congruentes e $\overline{DF} = \overline{DG}$.

Nos triângulos *DEA* e *DFA*, temos $D\hat{A}E = D\hat{A}F$, uma vez que *DA* é bissetriz do ângulo $\hat{A}$. O lado *DA* também é comum aos dois triângulos. Logo, os triângulos *DEA* e *DFA* são congruentes e $\overline{DE} = \overline{DF}$. Isso conclui a demonstração.

6.2.15 COROLÁRIO

As bissetrizes de um triângulo se encontram em um mesmo ponto, denominado *incentro* do triângulo.

Na Figura 6.30, o incentro do triângulo é o ponto D.

Figura 6.30 – Incentro D

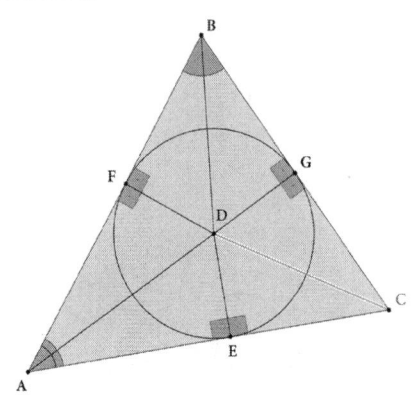

Utilizando a demonstração realizada na proposição anterior, vamos provar que o segmento que une o centro do círculo, ponto D, ao vértice C do triângulo é também uma bissetriz do triângulo ABC.

Comparando os triângulos DGC e DEC, temos que $\overline{DG}=\overline{DE}$ (raios do círculo de centro D), DC é um lado comum aos dois triângulos e $\overline{CG}=\overline{CE}$ (proposição da Seção 6.2.9). Pelo caso LLL de congruência de triângulos, temos que os triângulos DGC e DEC são congruentes e $D\hat{C}G = D\hat{C}E$. Logo, DC é bissetriz do ângulo $\hat{C}$, concluindo, assim, a demonstração.

6.3 Polígonos regulares

Para definirmos o que são **polígonos regulares** é necessário, primeiramente, definirmos **polígonos convexos** – polígonos simples tais que toda reta que passa por dois vértices consecutivos deixa todos os outros vértices em um mesmo semiplano. A interseção de todos os semiplanos assim obtidos determina o conjunto dos pontos internos do polígono.

A Figura 6.31 mostra um exemplo de polígono convexo e outro não convexo.

Figura 6.31 – Polígono convexo e não convexo

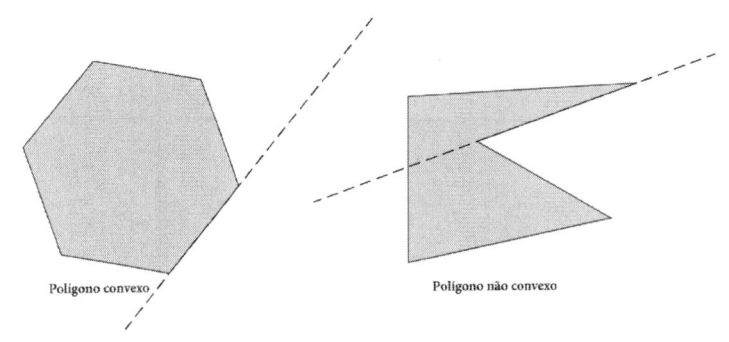

Polígono convexo   Polígono não convexo

Um polígono convexo é dito *regular* se for equilátero, ou seja, lados e ângulos congruentes.

A Figura 6.32 traz exemplos de polígonos regulares, como um triângulo equilátero, um quadrado, um pentágono regular e um hexágono regular.

Figura 6.32 – Polígonos regulares

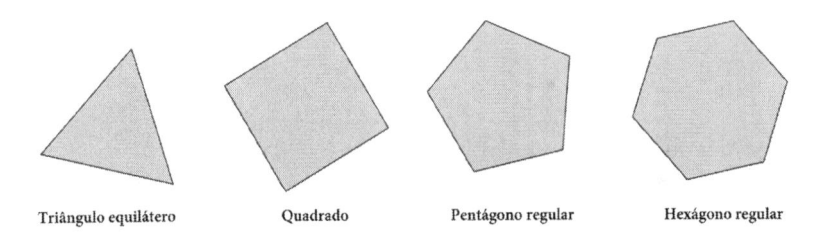

Triângulo equilátero   Quadrado   Pentágono regular   Hexágono regular

6.3.1 Proposição

Todo polígono regular está inscrito em um círculo.

Seja A_1, A_2, A_3, k, A_n um polígono regular. Tracemos o círculo que passa pelos pontos A_1, A_2 e A_3, conforme a Figura 6.33, e chamemos de O o centro desse círculo. Observe que $OA_1 = OA_2$ (raios do círculo de centro O). Assim, o triângulo OA_1A_2 é isósceles e $O\hat{A}_1A_2 = O\hat{A}_2A_1$. Como o polígono é regular, todos os seus ângulos têm a mesma medida. Portanto, $A_1\hat{A}_2A_3 = A_2\hat{A}_3A_4$.

Nesse sentido, $A_1\hat{A}_2O = O\hat{A}_3A_4$. Como os lados de um polígono regular são congruentes, então $A_1A_2 = A_3A_4$ e $OA_2 = OA_3$. Assim, os triângulos OA_1A_2 e OA_3A_4 são congruentes e $OA_1 = OA_4$, e, portanto, A_4 também é um ponto do círculo.

O mesmo raciocínio pode ser utilizado para provar que $A_5, A_6, \ldots, A_n$ são pontos do círculo, ou seja, todos os pontos do polígono pertencem ao círculo.

Figura 6.33 – Polígono inscrito

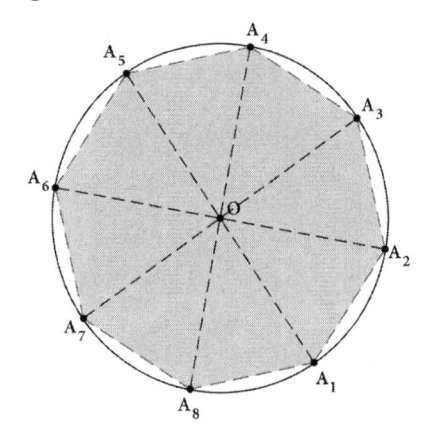

6.3.2 Corolário

Em todo polígono regular há um círculo inscrito.

Vamos traçar o polígono regular $A_1, A_2, A_3, \ldots, A_n$ inscrito em um círculo de centro O, como na Figura 6.34. Observe que todos os triângulos isósceles $A_1OA_2, A_2OA_3, A_3OA_4, \ldots$ são congruentes, portanto, suas alturas relativas às bases também são congruentes. O círculo de centro O cujo raio é igual ao comprimento dessas alturas está inscrito no polígono.

Figura 6.34 – Círculo inscrito em um polígono

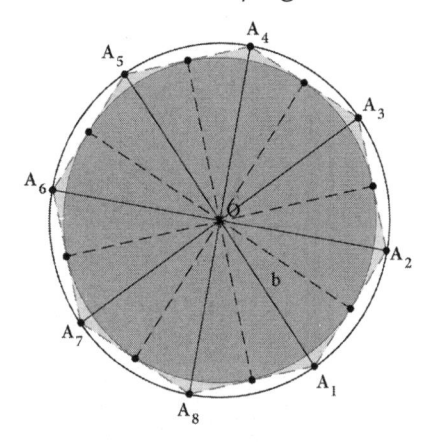

Saiba mais

Com a utilização de copos descartáveis, barbante e régua, é possível trabalhar com os alunos, em sala de aula, o significado do número π, irracional amplamente utilizado na matemática e na física: basta medir, com o auxílio dos instrumentos citados, o perímetro da circunferência maior do copo e seu diâmetro, assim como o perímetro da circunferência menor e seu diâmetro, como mostram as imagens a seguir.

Figura 6.35 – Atividade para determinar o número π

Após essa medição, divide-se o perímetro da circunferência pelo seu respectivo diâmetro. Os resultados encontrados podem variar devido à margem de erro do barbante, do copo e até mesmo da régua, mas todos os valores ficam próximos a 3,1. Esse é o valor aproximado do π. No entanto, quando medido com instrumentos de precisão ou em *softwares*, o valor correto é encontrado: 3,14159265358979...

Esse cálculo pode ser realizado com circunferências de quaisquer tamanhos, afinal, o número é a razão entre o perímetro de uma circunferência e seu diâmetro. Em outras palavras:

$$\frac{Perímetro}{Diâmetro} = \frac{2\pi r}{2r} = \pi$$

Síntese

Iniciamos este capítulo com o estudo das definições de círculo e seus elementos. Na sequência, demonstramos como encontrar retas tangentes ao círculo e o ponto de tangência.

Estudamos os tópicos *semicírculo*, *arco maior* e *menor*, *ângulo central*, assim como os casos de congruência de cordas e ângulos centrais e inscritos nos círculos.

Vimos que um polígono está inscrito em um círculo quando seus vértices pertencem ao círculo. No caso dos triângulos, demonstramos que todo triângulo está inscrito em um círculo, diferentemente dos quadriláteros, que apresentam restrições. Desse modo, dados três pontos não colineares, é possível determinar um círculo inscrito. Nesse contexto, mostramos de que maneira podemos determinar e representar o incentro de um triângulo.

Por fim, apresentamos a definição de polígonos regulares e demonstramos que todos eles estão inscritos em um círculo, da mesma forma que em todo polígono regular há um círculo inscrito.

ATIVIDADES RESOLVIDAS

1. Mostre que uma reta perpendicular a uma corda e que passa pelo centro do círculo divide a corda em seu ponto médio.

Resolução:

Considere uma corda AB em um círculo de centro O, conforme a figura a seguir. Trace o segmento OA e OB. Seja r a reta perpendicular à corda AB que passa pelo centro O e intercepta o segmento AB no ponto M. Queremos provar que essa reta r divide o segmento AB no ponto M, seu ponto médio. Para isso, observe os triângulos OAM e OBM:

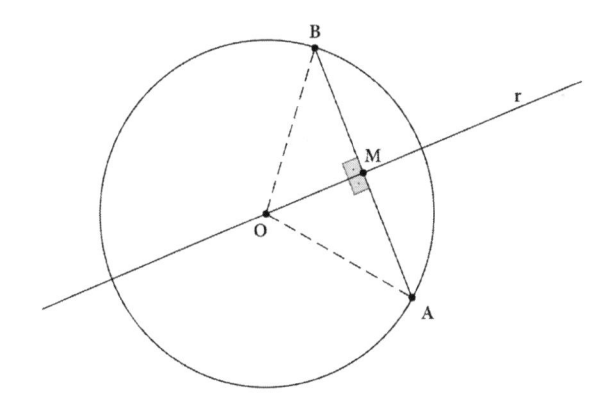

Aqui, temos que:

$\overline{OA} = \overline{OB}$ (raios do círculo)

$O\hat{M}A = O\hat{M}B$ (ângulos retos)

$\overline{OM} = \overline{OM}$ (lados comuns aos dois triângulos)

Assim, pelo caso LAL, temos que os triângulos OMA e OMB são congruentes. Logo, $\overline{MA} = \overline{MB}$, ou seja, M é o ponto médio do segmento AB.

2. Na figura a seguir, O é o centro dos dois círculos e AC é tangente ao círculo menor no ponto B. Mostre que $\overline{AB} = \overline{BC}$.

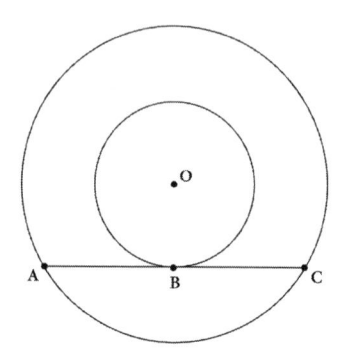

Resolução:

Se AC é tangente ao círculo menor no ponto B, então OB é perpendicular a AC.

Vamos traçar os segmentos OA e OC e comparar os triângulos OBA e OBC.

Observe que:

$\overline{OA} = \overline{OC}$ (raio do círculo maior)

$O\hat{B}A = O\hat{B}C = 90°$

OB é comum aos dois triângulos

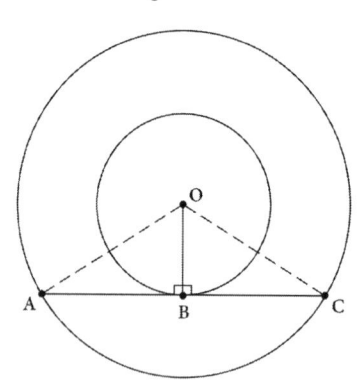

Assim, os triângulos OBA e OBC são congruentes e $\overline{AB} = \overline{BC}$.

3. Dada a figura a seguir, responda:

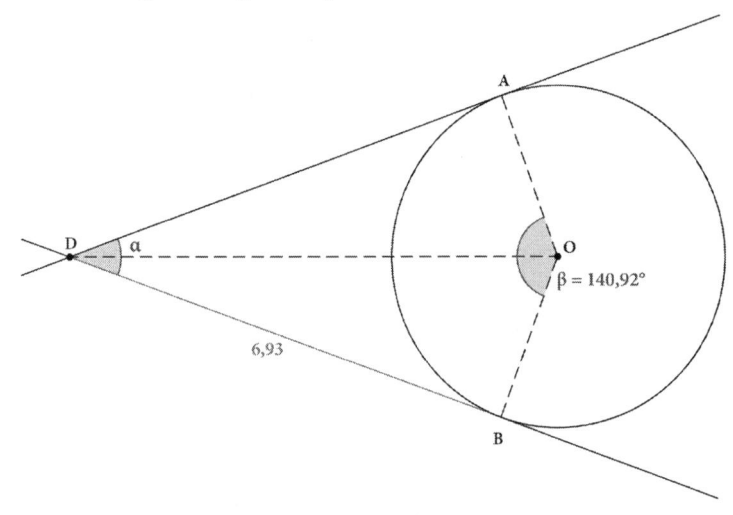

a) Qual é a medida do ângulo $A\hat{D}B$ (α)?
b) Qual é a distância $\overline{DA}$?

Resolução:

Pela proposição da Seção 6.2.9, se os dois lados de um ângulo de vértice D são tangentes a um círculo de centro O nos pontos A e B, então:

a) A medida de $A\hat{D}B$ é 180° menos a medida do arco menor determinado por A e B, ou seja:

$A\hat{D}B = 180° - A\hat{O}B$

$A\hat{D}B = 180° - 140,92°$

$A\hat{D}B = 39,08°$

b) A distância do ponto P até A é a mesma do ponto P a B, ou seja, $\overline{PA} = \overline{PB} = 6,93$.

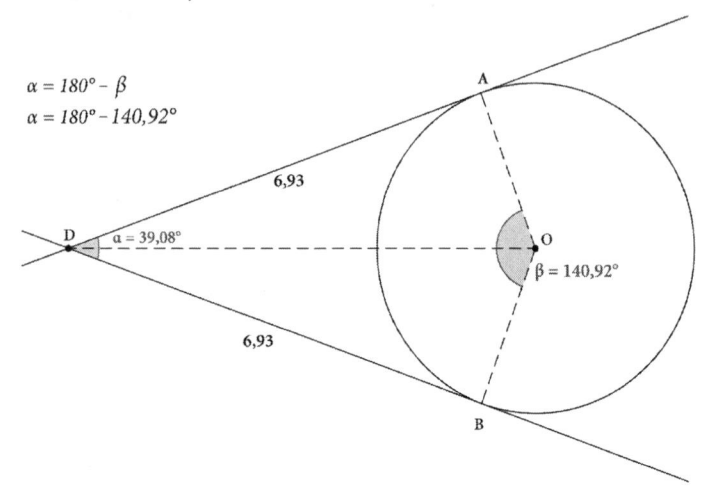

$\alpha = 180° - \beta$
$\alpha = 180° - 140,92°$
$\alpha = 39,08°$
$\beta = 140,92°$

4. É possível desenhar um círculo inscrito em um quadrado? Caso sua resposta seja afirmativa, desenhe e descreva o método utilizado.

Resolução:

Pelo corolário da Seção 6.3.2, em todo polígono regular há um círculo inscrito e o quadrado é um polígono regular.

Vamos desenhar um quadrado ABCD, como na figura a seguir, e traçar as diagonais AC e BD. Em seguida, vamos desenhar as alturas dos quatro triângulos formados. O centro do círculo será a interseção das diagonais, e o raio do círculo inscrito tem o mesmo comprimento das alturas dos triângulos formados.

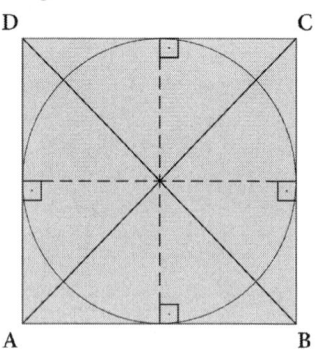

Atividades de autoavaliação

1. Observe a figura a seguir e analise as afirmativas propostas:

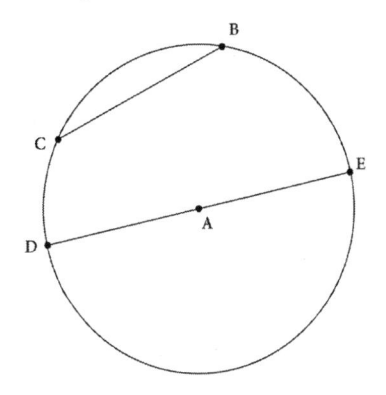

    I. AE e AD são cordas.
    II. BC e DE são cordas.
    III. DE passa pelo centro C.
    IV. DE é o diâmetro.

    Estão corretas apenas as alternativas:

    a) II e IV.
    b) I e III.
    c) I e IV.
    d) II e III.

2. Analise os círculos a seguir e indique em qual deles a reta designada por t não é uma reta tangente ao círculo de centro O:

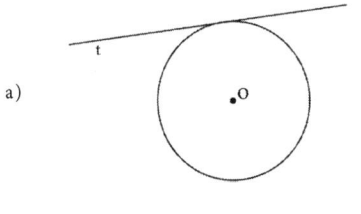

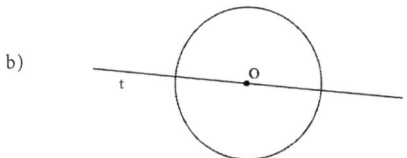

    a)

    b)

c)

d)

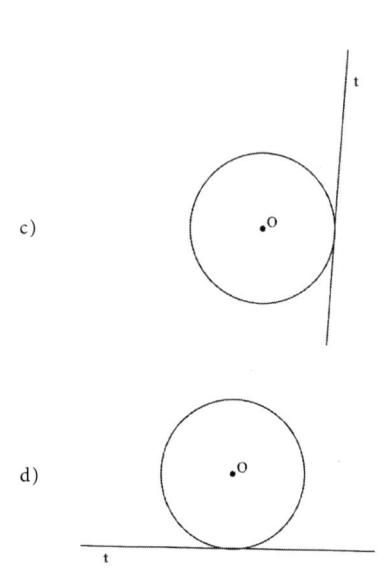

3. Assinale a alternativa que **não** representa um polígono regular:

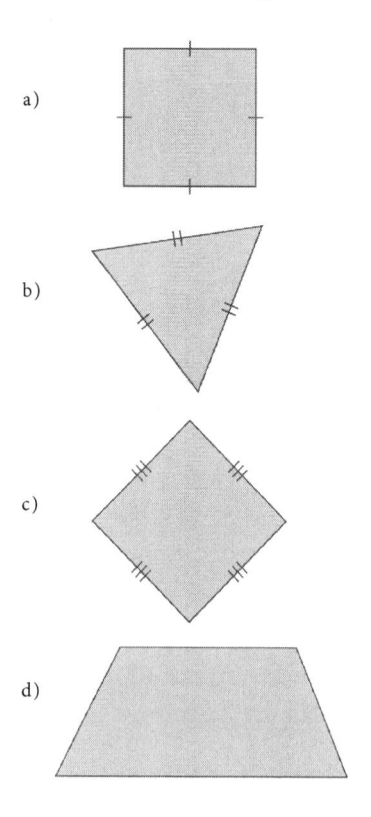

a)

b)

c)

d)

4. Na figura a seguir, para encontrar o ponto D, primeiramente foi traçado um triângulo qualquer; posteriormente, encontraram-se as bissetrizes de dois ângulos. Partindo da interseção dessas bissetrizes, traçaram-se retas perpendiculares até os lados dos triângulos.

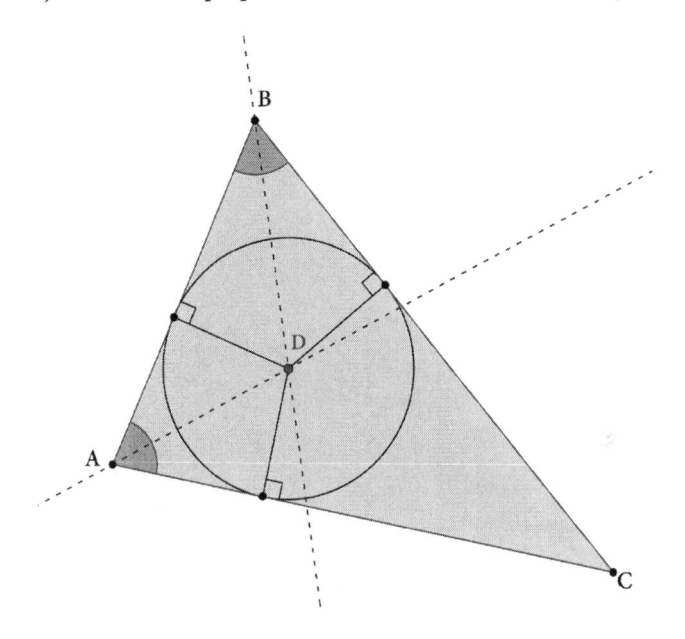

Esse procedimento foi efetuado para finalmente encontrar:

a) as mediatrizes do triângulo.
b) as bissetrizes dos ângulos internos.
c) o perímetro do triângulo.
d) o raio do círculo inscrito no triângulo.

5. A matemática está presente em várias manifestações da natureza, como nos favos de mel produzidos pelas abelhas. "Os alvéolos se encaixam formando um mosaico, e sua forma permite com que as abelhas utilizem a menor quantidade de cera possível na construção, tendo uma maior capacidade de armazenamento para o mel" (Souza; Pataro, 2015, p. 130).

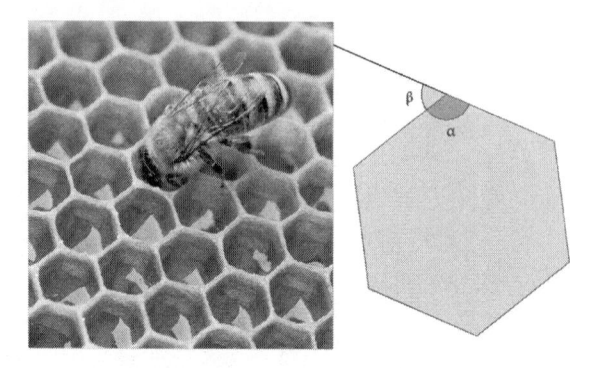

O polígono que representa a forma da parte superior de cada alvéolo, a soma dos ângulos internos e a soma dos ângulos externos desse polígono são, respectivamente:

a) hexágono regular, 720°, 360°.
b) hexágono regular, 360°, 720°.
c) pentágono regular, 540°, 360°.
d) pentágono regular, 360°, 720°.

Atividades de aprendizagem

Questões para reflexão

1. Pesquise maneiras por meio das quais o professor pode explicar aos alunos o significado do número π.

2. Qual é a razão entre o lado de um hexágono regular e o raio da circunferência em que ele está inscrito?

Atividade aplicada: prática

Utilizando palitos de espeto e garrotes médicos, construa um triângulo, um quadrado, um pentágono e um hexágono (caso tenha dificuldade, pesquise vídeos na internet que demonstrem o passo a passo dessa construção). Em seguida, movimente as arestas e verifique qual polígono é o mais estável, ou seja, aquele que não altera a sua forma quando os lados são movimentados. Considerando a estabilidade desse polígono, em quais situações sua utilização é indicada?

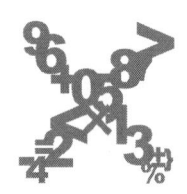

Considerações Finais

Após a leitura desta obra, esperamos que você compreenda a importância do desenvolvimento axiomático-dedutivo da geometria euclidiana e, utilizando-se dos diversos recursos aqui apresentados, seja capaz de realizar demonstrações de teoremas, proposições, corolários e axiomas.

A divisão deste livro em seis capítulos, com um arranjo de conteúdos semelhantes, teve como objetivo proporcionar uma melhor compreensão dos conteúdos abordados, visando a uma posterior relação entre todos os temas estudados.

No Capítulo 1, apresentamos situações da natureza em que a geometria já evidenciava suas formas, sendo reconhecida pelos homem muito tempo antes dos estudos iniciarem.

Com o passar do tempo, o ser humano deparou-se com a necessidade de estudar esses fenômenos, e, nesse meio, surgiram matemáticos e filósofos que contribuíram para o avanço da geometria. Euclides foi um desses pensadores. O seu livro *Elementos*, um dos mais importantes para a geometria, serve de base para qualquer demonstração geométrica.

Sendo assim, a leitura dessa importante referência bibliográfica é indicada a todos que desejam aprofundar seus conhecimentos na geometria euclidiana plana.

É com a apresentação das ideias e proposições primitivas da geometria plana, assim como os axiomas de incidência, ordem e medição de segmentos, que iniciamos o estudo da geometria euclidiana nesta obra.

Nos Capítulos 1 e 2, apresentamos os ângulos, suas definições e representações, os axiomas de medição e congruência e o teorema do ângulo externo e suas consequências, como a desigualdade triangular e a congruência de triângulos retângulos.

Vimos que os ângulos podem ser medidos em graus, grados ou radianos, dependendo da situação proposta, assim como os graus podem ser subdivididos em minutos e segundos, originários da base sexagenária utilizada pelos antigos povos babilônicos. Nesse sentido, apresentamos situações do cotidiano em que é imprescindível o conhecimento de medição de ângulos.

No Capítulo 4 estudamos sobre paralelismo, triângulos e paralelogramos. As noções de paralelismo e perpendicularismo pressupõem muitas aplicações no cotidiano das indústrias e, sendo assim, mostramos um exemplo em que, efetuando-se as medições devidas, é possível aumentar a vida útil de máquinas e melhorar a qualidade da produção.

O estudo dos axiomas das paralelas e os teoremas que os envolvem forneceram a base para a apresentação do Capítulo 5, que trouxe a semelhança de triângulos, o teorema fundamental da proporcionalidade e o teorema de Pitágoras, amplamente utilizado nos estudos geométricos e em nosso cotidiano.

Por fim, no Capítulo 6, estudamos o círculo e os polígonos regulares, assim como suas definições, elementos, medidas e complementos.

No decorrer desta obra, há inúmeros exemplos de relações entre a base teórica e o cotidiano, curiosidades e indicações culturais, que buscam o enriquecimento da leitura.

É importante (e enriquecedor) que, em sala de aula, o professor mostre aos alunos a demonstração para determinadas propriedades dos conteúdos trabalhados, e não apenas o desenvolvimento de exercícios, sem uma estrutura lógica. A experimentação em laboratório do *software* GeoGebra, citado neste livro, possibilita ao aluno a interpretação das propriedades geométricas, o levantamento de conjecturas e estimula o seu raciocínio lógico dedutivo, o que pode ser sistematizado posteriormente em sala de aula.

Sem descuidar do rigor da linguagem matemática e do formalismo nas demonstrações, utilizamos neste livro uma linguagem simples e de fácil compreensão, buscando o aprimoramento do raciocínio matemático e geométrico do leitor.

O principal objetivo deste material é que você, aprofunde seus conhecimentos na geometria plana euclidiana e os utilize na formalização de demonstrações matemáticas ou nas relações existentes com o cotidiano.

Referências

ALENCAR FILHO, E. de. **Iniciação à lógica matemática**. São Paulo: Nobel, 2002.

ALMEIDA, P. **Provando que retas paralelas se encontram no infinito**. 25 abr. 2011. Disponível em: <http://radiacaodefundo.haaan.com/2011/04/25/provando-que-retas-paralelas-se-encontram-no-infinito/>. Acesso em: 18 nov. 2016.

BARBOSA, J. L. M. **Geometria euclidiana plana**. Rio de Janeiro: Sociedade Brasileira de Matemática, 1995. (Coleção do Professor de Matemática).

BICUDO, I. Beppo Levi e os elementos de Euclides. In: SEMINÁRIO NACIONAL DE HISTÓRIA DA MATEMÁTICA. 9., 2011, São Paulo. **Anais**... São Paulo: UNESP, 2011. p. 139-154. Disponível em: <http://www.rbhm.org.br/issues/RBHM%20-%20vol.11,no23/11%20-%20Bicudo.pdf>. Acesso em: 18 nov. 2016.

COSTA, D. M. V. et al. **Elementos de geometria**: geometria plana e espacial. 3. ed. Curitiba: UFPR, 2012. Disponível em: <www.exatas.ufpr.br/portal/docs_degraf/elementos.pdf>. Acesso em: 17 nov. 2016.

CRUZ, C. M. da. **Introdução ao estudo dos fractais**: história, topologia e sistemas dinâmicos complexos. 2008. Disponível em: <http://www.academia.edu/15302952/INTRODUC%C3%83O_AO_ESTUDO_DOS_FRACTAIS_HISTORIA_TOPOLOGIA_E_SISTEMAS_DIN%C3%82MICOS_COMPLEXOS>. Acesso em: 18 nov. 2016.

CRUZ, D. G. da; SANTOS, C. H. dos. Algumas diferenças entre a geometria euclidiana e as geometrias não euclidianas – hiperbólica e elíptica – a serem abordadas nas séries do ensino médio. In: ENCONTRO PARANAENSE DE EDUCAÇÃO MATEMÁTICA, 10., 2009, Guarapuava. **Anais...** Guarapuava, 2009. p. 444-457. Disponível em: <http://www.unicentro.br/editora/anais/xeprem/CC/29.pdf>. Acesso em: 18 nov. 2016.

FONTE, C. **Representação diédrica de pontos, rectas e planos**: geometria descritiva. Faculdade de Ciências e Tecnologia da Universidade de Coimbra, 2006/2007. Disponível em: <http://www.mat.uc.pt/~cfonte/docencia/Geometria%20_Descritiva/2_Representa%C3%A7%C3%A3o%20ponto%20recta%20plano.pdf>. Acesso em: 18 nov. 2016.

FOSSA, J. **Introdução às técnicas de demonstração matemática**. São Paulo: Livraria da Física, 2009.

HOUAISS, A.; VILLAR, M. de S. **Dicionário Houaiss da língua portuguesa**. versão 3.0. Rio de Janeiro: Instituto Antônio Houaiss; Objetiva, 2009. 1 CD-ROM.

LAMAS, R. de C. P. **Congruência e semelhança de triângulos através de modelos**. Disponível em: <http://www.ibilce.unesp.br/Home/Departamentos/Matematica/congruencia-e-semelhanca-de-triangulos-prof-rita.pdf>. Acesso em: 18 nov. 2016.

LEVI, B. **Lendo Euclides**: a matemática e a geometria sob um olhar renovador. Rio de Janeiro: Civilização Brasileira, 2008.

LINO, M. de. Souza. **O menino que não gostava de matemática**. Campos do Jordão, 2015.

PARENTE, J. B. A. **Fundamentos da geometria euclidiana**. Curso de Licenciatura em Matemática UFPB Virtual. Disponível em: <http://biblioteca.virtual.ufpb.br/files/fundamentos_da_geometria_euclidiana_1361970502.pdf>. Acesso em: 18 nov. 2016.

SANTOS, A. M. Q. dos; SANTOS, F. H. da C.; OLIVEIRA, R. M. de. **Teorema de Pitágoras**: demonstrações. 59 f. Monografia (Graduação em Matemática) – Departamento de Educação a Distância, Universidade Federal do Amapá, Macapá, 2015. Disponível em: <http://www2.unifap.br/matematicaead/files/2016/03/TCC-REVISADO.pdf>. Acesso em: 17 nov. 2016.

SOUZA, J.; PATARO, P. M. **Vontade de saber matemática**: 8º ano. 3. ed. São Paulo: FTD, 2015.

Bibliografia Comentada

BARBOSA, J. L. M. **Geometria euclidiana plana**. Rio de Janeiro: Sociedade Brasileira de Matemática, 1995. (Coleção do Professor de Matemática).

Esse livro, que pertence à "Coleção do Professor de Matemática", da Sociedade Brasileira de Matemática, é uma excelente sugestão aos leitores que desejam ir adiante no estudo da geometria. Nessa versão em português, João Lucas Marques Barbosa apresenta os elementos fundamentais da geometria plana.

CRUZ, D. G. da; SANTOS, C. H. dos. Algumas diferenças entre a geometria euclidiana e as geometrias não euclidianas – hiperbólica e elíptica – a serem abordadas nas séries do ensino médio. In: ENCONTRO PARANAENSE DE EDUCAÇÃO MATEMÁTICA, 10., 2009, Guarapuava. **Anais**... Guarapuava, 2009. p. 444-457. Disponível em: <http://www.unicentro.br/editora/anais/xeprem/CC/29.pdf>. Acesso em: 18 nov. 2016.

Esse artigo contribui para que professores e alunos conheçam as diferenças entre as geometrias euclidianas e as geometrias não euclidianas hiperbólica e elíptica, as quais são geralmente abordadas no ensino médio.

FONTE, C. **Representação diédrica de pontos, rectas e planos**: geometria descritiva. Faculdade de Ciências e Tecnologia da Universidade de Coimbra, 2006/2007. Disponível em: <http://www.mat.uc.pt/~cfonte/docencia/Geometria%20_Descritiva/2_Representa%C3%A7%C3%A3o%20ponto%20recta%20plano.pdf>. Acesso em: 18 nov. 2016.

A apresentação de Cidália Fonte sobre a representação diédrica de pontos, retas e planos na geometria descritiva mostra exemplos da geometria de Monge, com figuras de fácil entendimento e visualização.

GONÇALVES JUNIOR, O. **Matemática por assunto**: geometria plana e espacial. v. 6. São Paulo: Scipione, 1988.

Esse livro é composto de quatro capítulos, que contemplam assuntos de geometria plana de posição, geometria plana métrica, geometria espacial de posição e geometria espacial métrica, além de questões resolvidas e testes de vestibulares.

LEVI, B. **Lendo Euclides**: a matemática e a geometria sob um olhar renovador. Rio de Janeiro: Civilização Brasileira, 2008.

Beppo Levi é um dos matemáticos mais importantes do século XX e analisa a geometria de Euclides sob um olhar renovador. Em seu livro Lendo Euclides, *Levi traz uma introdução histórico-filosófica aos* Elementos de Euclides *e os apresenta com suas principais características.*

MACHADO, A. dos S. **Áreas e volumes**. v. 4. São Paulo: Atual, 1988. (Matemática: Temas e Metas).

Esse livro pertencente à coleção "Matemática: Temas e Metas", destina-se a alunos do ensino médio e a estudantes de níveis superiores que desejam aperfeiçoar seus conhecimentos matemáticos. Esse volume descreve os temas paralelismo e perpendicularidade, distâncias e ângulos, prisma, pirâmide, poliedros regulares, sólidos de revolução e apresenta um resumo sobre a geometria plana.

MANFIO, F. **Fundamentos da geometria**. Disponível em: <http://www.icmc.usp.br/pessoas/manfio/Fundamentos.pdf>. Acesso em: 18 nov. 2016.

Esse artigo apresenta os fundamentos da geometria sob um aspecto axiomático, caracterizando a geometria euclidiana plana e problemas interessantes de geometria espacial.

OLIVEIRA, E. B. de. **Estudo das relações entre cordas no círculo a partir do GeoGebra**. 82 f. Dissertação (Mestrado em Matemática) – Centro de Ciências e Tecnologia, Universidade Federal de Campina Grande, Campina Grande, 2014. Disponível em: <http://www.mat.ufcg.edu.br/PROFmat/TCC/Edson.pdf>. Acesso em: 18 nov. 2016.

Nessa dissertação, Edson Bernardo de Oliveira descreve o círculo e suas propriedades planas por meio da utilização de recursos computacionais, facilitando o desenvolvimento do raciocínio lógico dedutivo.

PARENTE, J. B. A. **Fundamentos da geometria euclidiana**. Curso de Licenciatura em Matemática UFPB Virtual. Disponível em: <http://biblioteca.virtual.ufpb.br/files/fundamentos_da_geometria_euclidiana_1361970502.pdf>. Acesso em: 18 nov. 2016.

Com base na axiomatização de Euclides na obra Elementos, *esse artigo enfatiza o axioma das paralelas, que originou outras geometrias. Com base na definição de poligonal e polígonos, mostra também como obter os teoremas de Tales e de Pitágoras.*

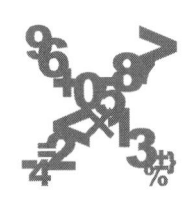

Respostas

Capítulo 1

Atividades de autoavaliação

1. d
2. a
3. b
4. c
5. a

Capítulo 2

Atividades de autoavaliação

1. a
2. c
3. b
4. d
5. a

Capítulo 3

Atividades de autoavaliação

1. a
2. d
3. b
4. d
5. d

Capítulo 4

Atividades de autoavaliação

1. d
2. b
3. c
4. a
5. a

Capítulo 5

Atividades de autoavaliação

1. d
2. c
3. c
4. b
5. c

Capítulo 6

Atividades de autoavaliação

1. a
2. b
3. d
4. d
5. a

Sobre a autora

Karen Cristine Uaska dos Santos Couceiro é mestra em Matemática em Rede Nacional (PROFMAT) pela Universidade Tecnológica Federal do Paraná (UTFPR). Tem licenciatura em Matemática e Especialização em Ensino da Matemática. Atua como professora de Licenciatura em Matemática da UNIFAEL e da Rede Municipal de Curitiba, como professora de Matemática dos oitavos e nonos anos do ensino fundamental. É autora de três livros para alunos de Licenciatura em Matemática: *Fundamentos da matemática elementar II*, *Metodologia do ensino da matemática* e *Geometria Euclidiana* e parecerista de livros de outros autores. É membro do comitê científico da revista Vivências Educacionais da UNIFAEL. É membro do colegiado UNIFAEL e, no campo EAD, tem ampla experiência em elaboração de ementas para novas disciplinas, roteiros para gravação de videoaulas, *slides* para esquemas de estudos, correção de materiais feito por terceiros, elaboração de questões para banco de dados, orientação de estágio. É ainda professora responsável por diversas disciplinas e outras atividades pertinentes ao cargo.

Impressão:
Março/2023